城市浅埋管沟燃气爆炸安全防护

杨石刚　杨亚　蔡炯炜　著

北京航空航天大学出版社

内 容 简 介

本书通过野外试验、数值模拟和理论分析的方法,对城市浅埋管沟燃气爆炸荷载分布模型、灾害效应评估、管沟损伤破坏机理及防护技术等进行了深入系统的介绍。全书共分为 7 章:绪论、管沟燃气爆炸试验、城市浅埋管沟燃气爆炸泄爆效应、城市浅埋管沟燃气爆炸荷载分布模型、管沟内燃气爆炸冲击波地面传播规律、城市浅埋管沟燃气爆炸事故灾害效应评估、管沟盖板在燃气爆炸荷载作用下的动力响应。

本书可供土木工程、安全工程、石油化工领域的科研工作者和工程技术人员参考使用。

图书在版编目(CIP)数据

城市浅埋管沟燃气爆炸安全防护 / 杨石刚,杨亚,
蔡炯炜著. -- 北京 : 北京航空航天大学出版社,2024.2
ISBN 978-7-5124-4363-1

Ⅰ. ①城… Ⅱ. ①杨… ②杨… ③蔡… Ⅲ. ①城市燃
气—燃气设备—安全管理 Ⅳ. ① TU996.8

中国国家版本馆 CIP 数据核字(2024)第 038542 号

城市浅埋管沟燃气爆炸安全防护

杨石刚 杨亚 蔡炯炜 著

策划编辑 杨国龙 责任编辑 孙玉杰

*

北京航空航天大学出版社出版发行

北京市海淀区学院路 37 号(邮编 100191) http://www.buaapress.com.cn
发行部电话:(010)82317024 传真:(010)82328026
读者信箱: qdpress@buaacm.com.cn 邮购电话:(010)82316936
北京富资园科技发展有限公司印装 各地书店经销

*

开本:710×1000 1/16 印张:12 字数:270 千字
2024 年 2 月第 1 版 2024 年 2 月第 1 次印刷
ISBN 978-7-5124-4363-1 定价:79.00 元

前　言

燃气管道作为天然气进入千家万户的重要设施,在城市地下空间纵横交错地分布。然而,阀门失灵、管道破损、操作失误等原因时常导致燃气泄漏,一旦燃气在城市浅埋管沟内积聚,当遇到点火源时,就极易发生严重的燃气爆炸事故,如2021年湖北十堰重大燃气爆炸事故和2013年山东青岛输油管道爆炸事故。本书通过野外试验、数值模拟和理论分析的方法,对城市浅埋管沟燃气爆炸荷载分布模型、灾害效应评估、管沟损伤破坏机理及防护技术等进行了深入系统的介绍。

本书共分7章。第1章——绪论,主要介绍城市浅埋管沟燃气爆炸安全防护的研究背景、国内外研究现状和主要研究内容等。第2章——管沟燃气爆炸试验,主要介绍管沟燃气爆炸试验装置、试验流程、试验工况和试验结果。第3章——城市浅埋管沟燃气爆炸泄爆效应,主要介绍计算流体动力学软件FLACS的基本模型和数值模拟验证,并分析泄爆效应的影响因素。第4章——城市浅埋管沟燃气爆炸荷载分布模型,主要介绍管沟燃气爆炸的作用机理、管沟内燃气爆炸荷载的影响因素和超压峰值分布模型。第5章——管沟内燃气爆炸冲击波地面传播规律,主要介绍管沟外冲击波传播过程和作用机理、超压时程曲线特征以及荷载峰值分布规律。第6章——城市浅埋管沟燃气爆炸事故灾害效应评估,主要介绍管沟燃气爆炸灾害效应评估方法,以及对青岛"11·22"原油泄漏爆炸事故进行实例分析。第7章——管沟盖板在燃气爆炸荷载作用下的动力响应,主要介绍结构动力学分析软件LS-DYNA的主要模型和模型验证、管沟盖板动力响应数值分析和FRP加固技术。

本书可供土木工程、安全工程、石油化工领域的科研工作者和工程技术人员参考使用。

编　者

2023 年 12 月

目　　录

第1章　绪　论

1.1　研究背景及意义

天然气作为优质高效、绿色清洁的低碳能源,经济实惠、输送便捷、安全环保,已经成为居民日常生活、城镇建设以及工业生产中不可或缺的重要能源[1],其消费量在能源消费总量中比重持续提升。根据《中国天然气发展报告(2022)》数据统计,2022年我国天然气客观消费量达 3.7×10^{11} m³ 左右,占能源消费总量的 8.90%(见图1-1)。据预测,到2030年我国天然气消费需求量将达 6×10^{11} m³ [2]。

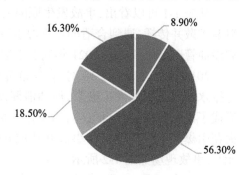

随着我国城市化进程的加速,单位人口密度不断提升,对天然气的需求量也大幅增加,城市地下燃气管道网络也在不断建设和

图1-1　2022年我国能源消费结构

完善,基于"西气东输、海气登陆、就近供应"三大供应系统,全国性天然气管网已初步形成"横跨东西、纵贯南北、联通境外"的格局[3]。根据《中长期油气管网规划》数据显示,截至2022年底,我国天然气管道总里程约 8.55×10^4 km,预计到2025年燃气管网规模将达到 16.3×10^5 km[3]。

为了综合利用城市空间,大部分天然气管道被埋设于城市地下。由于地下环境恶劣,因此天然气管道往往受到严重的腐蚀,如果没有及时做好管道防腐处理以及监测管理等保护工作,则极有可能出现严重的天然气泄漏事故。2015年,仅重庆市 DN100 mm 以上埋地燃气管道抢险次数就有252次,其中,因钢管锈蚀穿孔造成漏气的抢险占72.6%[3]。天然气的燃点较低,一旦泄漏的天然气遇到合适的点火源(如明火、电火花等),将会发生燃烧、爆炸等事故,释放的巨大能量将对周围环境造成严重的破坏[4],表1-1所列为近十年国内外发生的较严重的燃(油)气爆炸事故。

表 1-1　国内外典型燃气爆炸事故统计

时　间	地　点	事故原因	事故后果
2022-07	天津北辰区	管道老化,操作不当,导致燃气泄漏爆炸	4 人死亡,13 人受伤
2022-04	俄罗斯莫斯科	设备故障,导致燃气泄漏爆炸	6 人死亡,19 人受伤
2021-06	湖北十堰	燃气管道被腐蚀,导致燃气泄漏爆炸	25 人死亡,138 人受伤
2020-08	叙利亚大马士革	燃气管道发生爆炸	全国停电,无人伤亡
2019-11	辽宁沈阳	施工过程中挖破燃气管道,燃气泄漏起火爆燃	多辆汽车被引燃,无人伤亡
2017-07	吉林松原	施工钻破燃气管道,燃气泄漏进入排污管发生爆炸	5 人死亡,14 人重伤
2016-10	德国	综合管廊燃气泄漏爆炸	2 人死亡,8 人昏迷
2014-08	台湾高雄	管线产生破洞,致燃气泄漏	32 人死亡,321 人受伤
2013-11	山东青岛	管道破裂,原油泄漏,遇撞击火花,引发油气爆炸	63 人死亡,136 人受伤

从表 1-1 可以看出,事故发生原因大多是泄漏的燃(油)气在地下狭长受限空间内泄漏扩散并传播,遇到合适的点火源引发爆炸。其中,最具代表性的是 2013 年山东青岛输油管道爆炸事故和 2021 年湖北十堰重大燃气爆炸事故。

2013 年 11 月 22 日 10 时,青岛市黄岛区某石油公司的输油管道由于腐蚀减薄,在与排水暗渠交汇处发生破裂,原油泄漏流入市政排水暗渠,在长直的暗渠空间内挥发形成了易燃易爆的混合气体,当工作人员用液压破碎锤破碎暗渠盖板时,产生的撞击火花引爆暗渠内的油气。事故共造成 62 人遇难、136 人受伤,直接经济损失达 7.5 亿元[5],事故现场如图 1-2 所示。

2021 年 6 月 13 日,湖北省十堰市张湾区艳湖社区集贸市场下方河道内的天然气管道因腐蚀导致破裂,泄漏的天然气大量聚集,遇餐饮油烟管道排出的火花引发爆炸。事故造成 25 人死亡、138 人受伤,集贸市场及周边房屋玻璃、车辆等被严重损毁,直接经济损失约 5 395.41 万元[6],事故场景示意图及建筑物破坏现场如图 1-3 所示。

这类爆炸事故的发生离不开 3 个重要的因素:点火源、泄漏燃料和长直密闭空间。可燃气体的点火能量通常较小,一般的火花、静电,甚至是烟头都能够引爆可燃气体。城市中存在爆炸风险的燃料主要以天然气为主,燃气管线基本采用埋置于城市地下的方式布置,受地下水位以及工程造价等因素影响,地下燃气管道的埋设深度较浅。

（a）管沟中泄漏的原油　　　　　　　　　（b）受破坏的管沟盖板

图 1-2　青岛"11·22"输油管道爆炸事故现场

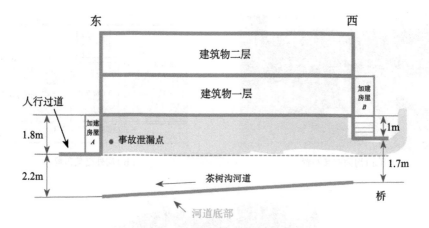

（a）事故场景示意图

（b）建筑物破坏现场

图 1-3　十堰"6·13"重大燃气爆炸事故[6]

　　城市浅埋管沟是指埋设于城市地下空间的小型长直空间构筑物及附属设施（如城市给水、热力、通信、电力等管沟）。作为重要的市政公用基础设施，它同样密集分布于城市地下，其埋置深度受地面坡度、管沟的类别以及地形条件等控制，最小覆土深度不超过 1 m[7]。

　　城市浅埋管沟与燃气管道之间距离较近，两者之间通常采用平行布置的方式。由于地下空间有限，因此也存在一些特殊的空间布置情况，如燃气管道在浅埋管沟的内部和外部空间交叉布置，典型的布置位置如图 1-4 所示。上述两起爆炸事故发生泄漏的位置均为管道与管沟的沟内交叉位置。因此，当地下燃（油）气管道发生泄漏时，燃（油）气容易渗透或者直接泄漏到相邻管沟，管沟内的混合气体在积聚到一定程度后极具危险性。

（a）沟内交叉布置

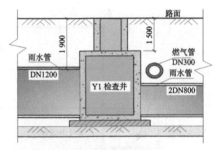
（b）沟外交叉布置

（c）沟外平行布置

图1-4　管道、管沟常见布置示意图

1.2　国内外研究现状

燃气爆炸是一种典型的非理想爆炸,按照爆炸所处的环境可以分为开敞空间爆炸和泄爆空间爆炸[8]。城市浅埋管沟内部发生的燃气爆炸属于泄爆空间爆炸。可燃气体爆炸会在瞬间产生巨大的能量,释放大量的热量,导致周围环境温度升高,从而引起周围未燃气体的快速燃烧引发爆炸,对管沟结构产生破坏。其内部配备的排水口、通风口等均能成为泄爆口。由于爆炸冲击波荷载传播速度快、范围广、伤害高,因此爆炸波从泄爆口传至地表后极易造成人体耳膜和肺部的伤害[9]。其爆炸发展过程十分复杂,影响其爆炸荷载的因素也比较多。因此,弄清燃气爆炸冲击波的荷载规律以及安全防护技术是城市浅埋管沟爆炸研究的关键。

1.2.1　长直泄爆空间燃气爆炸荷载模型研究

当进行燃气爆炸作用下结构的动力响应分析和燃气爆炸灾害效应评估时,首先需要充分预测燃气爆炸的冲击波强度[10]。由于燃气爆炸荷载的形成机理相对复杂,因此爆炸冲击波超压往往与很多因素密切相关,如气体的性质、体积分数、约束情况、点火源能量、环境温度等。目前,国内外学者对长直受限空间内燃气爆炸荷载进行了大量的理论分析、试验研究及数值模拟等,并取得了一些成果。

1. 理论分析

预测受限空间内可燃气体爆炸荷载的理论模型主要有 TNT 当量法[11]、TNO 多能法[12]、Baker-Strehlow 模型[13] 等,每种方法都有其优缺点,具体如表 1-2 所列。段玉龙等[14] 基于 TNT 当量法换算理论,结合管道燃气爆炸试验及前人在矿井的试验数据,建立了可燃气体爆炸冲击波超压预测模型。孙建华等[15] 使用 TNT 当量法计算巷道瓦斯爆炸超压,推导预测巷道瓦斯爆炸冲击波超压峰值的理论模型。梁云峰等[16] 运用 TNT 当量法建立了全尺寸单头巷道瓦斯爆炸超压衰减随距离变化的预测模型。A.C.Van Den Berg 等[17] 基于实例计算数据得出 TNO 多能法比 TNT 当量法更能准确地预测气体爆炸荷载的结论。Tang 等[18] 对多种模型(Baker-Strehlow 模型)进行计算,通过与试验数据比较,指出 Baker-Strehlow 模型在预测远场超压时会过高,基于此提出了 Baker-Strehlow-Tang 模型,并对模型准确性进行了验证。Ritsu Dobashi 等[19] 通过调整爆炸经验效率,对 TNT 当量法进行了改进,提出了一种预测瓦斯爆燃荷载的新方法。Mehdi parvini[20] 利用 TNT 当量法对埋地管道燃气泄漏造成的爆炸冲击波进行了分析,并提出了一个可以同时计算近远场爆炸的统一模型。

表 1-2　可燃气体爆炸荷载预测理论模型

理论模型	主要原理	优 点	缺 点
TNT 当量法[11]	根据能量等效原则,将预混气体的破坏转化为当量 TNT 爆炸破坏作用	操作简单易行,结果可靠直观	当量系数难以确定
TNO 多能法[12]	利用数值模拟计算不同燃烧速度下的蒸气云爆炸,获得爆炸强度曲线	对气体爆炸荷载的预测更加准确	对近场超压峰值的预测偏高
Baker-Strehlow 模型[13]	根据最大火焰传播速度选取不同爆炸波强度曲线	在约束很小的混合物爆炸中,对中、长距离超压峰值的预测与试验值接近	对远场超压峰值的预测偏高

此外,针对受限空间内燃气爆炸荷载的计算,国内外不少学者提出了大量的半经验半理论公式。Cooper 等[21] 在近似立方体封闭环境中进行了大量燃气爆炸试验,得到了典型的四峰值泄爆超压时程曲线(见图 1-5)。鲍麒[22]、杨石刚等[23-24] 考虑了气体体积分数、点火位置和泄爆阈值等因素对泄爆空间燃气爆炸超压的影响,基于大量试验数据拟合得到了可燃气体爆炸荷载的峰值超压计算公式,并建立了简化的双峰值超压时程理论模型(见图 1-6)。王振成等[25] 在密闭长直圆管内进行了丙烷泄压试验,基于试验结果,通过回归分析法拟合得到密闭圆管内的超压时程曲线计算公式。刘晶波[26]、宋娟[27]、杨科之[28] 等对坑道内瓦斯爆炸冲击波传播规律进行了研究,提出了爆炸冲击波的计算公式。陈国华等[29] 研究了燃气爆炸冲击波在密闭矩形地下暗渠中的传播衰减规律,通过拟合得到了密闭空间爆炸冲击波传播衰减计算公式。贾智伟等[30]

通过对瓦斯爆炸冲击波在不同巷道截面积下传播规律的理论分析,建立了数学模型,得到了冲击波波阵面压力表达公式。Sustek 等[31]在 Stramberk 矿井试验数据的基础上,对泄爆空间内气体未充分填充时的爆炸超压进行了研究,给出了燃气爆炸荷载简化拟合公式。Catlin 等[32]基于二阶有限体积差分法,建立了预测管道内燃气爆炸压力分布规律的半经验半理论数学模型。Peter[33]根据前人的经验,提出了可燃气体爆炸荷载的计算方法。Nettleton[34]通过可燃气体爆炸试验预测了最大超压出现的位置。

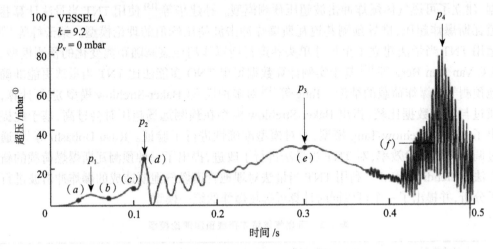

图 1-5　典型的四峰值泄爆超压时程曲线 [21]

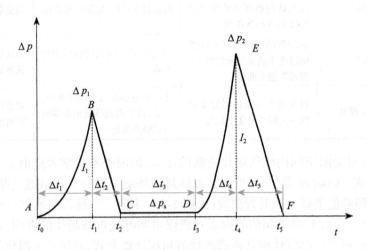

图 1-6　简化的燃气爆炸泄爆超压时程曲线 [24]

2. 试验研究

试验研究是认识和探究燃气爆炸荷载规律的基础方法,也是对理论分析的补充和

---

① 1 mbar = 100 Pa

验证。国内外许多学者在长直受限空间内进行了大量的燃气爆炸试验研究,并获得了一些研究成果。根据试验装置长度和截面的不同,可以分为小尺寸模型试验和大尺寸模型试验,如表 1-3 所列。

表 1-3 长直受限空间内天然气(甲烷)爆炸试验

类 型	完成人	截面形状	爆炸空间尺寸		结构功能
			长 / m	截面尺寸 / m²	
小尺寸模型试验	谢尚群[35]	矩形	1	0.1 × 0.12	综合管廊
	孙庆文[36]	矩形	6	0.11 × 0.11	综合管廊
	Na'inna 等[37]	圆形	4.5	0.021	管道
	丁小勇等[38]	圆形	9.7	0.139	管道
	Mohammed 等[39]	圆形	30	0.196	管道
	徐景德等[40]	方形	35	0.2 × 0.2	管道
	OH 等[41]	方形	0.9	0.2 × 0.2	管道
	Ciccarelli 等[42]	方形	3.66	0.076 × 0.076	管道
	景国勋等[43]	方形	25	0.08 × 0.08	管道
大尺寸模型试验	Smith 等[44]	方形	18	3 × 3	管道
	方秦团队[45-47]	方形	30	0.8 × 0.8	管道
	王东武[48]、司荣军[49] 等	方形	710	7.2 × 7.2	巷道
	龙源等[50-51]	圆形	20	1.539	管道
	Wingerden 等[52]	圆形	40	1.539	管道
	Zipf 等[53]	拱形	50	12	巷道
	徐景德等[54]	方形	518	5 × 5	巷道

在小尺寸模型试验中,研究者大多针对可燃气体爆炸发展过程及影响荷载因素进行研究,其爆炸荷载影响因素的相关成果可以为大尺寸受限空间内燃气爆炸试验提供一定的基础,但由于小比例的局限性,难免会产生偏差。谢尚群[35] 在自建的综合管廊模型内进行了燃气爆炸试验,研究了通风口对爆炸超压的影响,得出通风口可以有效降低爆炸超压的结论。孙庆文[36] 在自主搭建的长 6 m 矩形管道内对甲烷/空气混合气体的爆炸进行了试验研究,分析了气体体积分数对管道爆炸荷载的影响,如图1-7 所示。Na'inna 等[37] 和 Ciccarelli 等[42] 分别在小尺寸圆形管道与方形管道中进行了多组天然气空气爆燃试验,通过调整障碍物长度研究障碍物阻塞率对超压的影响,结果表明:障碍物拥塞率越高、峰值超压和火焰传播速度越大。丁小勇等[38] 在长为9.7 m、截面尺寸为 0.139 m² 的水平管道内进行了甲烷爆炸试验,分析了不同形状的立体阻塞物对甲烷爆炸荷载特性的影响,结果表明:爆炸超压随阻塞率的增加而增加。Mohammed 等[39] 在长度为 30 m 的圆形管道中开展了甲烷/空气混合气体爆炸试验(见图 1-11),研究了甲烷体积分数、反应段长度、点火能量和侧面泄爆对圆形爆轰管内甲烷燃烧特性的影响,结果表明:当甲烷体积分数为 9.5% 时,爆炸威力最大;增加反

应段气云长度能够提高内部压力,受爆轰管长度限制,当反应段长度由 12 m 延长至 25 m 时,火焰燃烧特性受影响程度较小。徐景德等[40]在华北科技学院可燃性气体燃烧爆炸实验室对密闭的小比例巷道模型进行了燃爆试验(见图 1-8),着重研究了点火能大小、柔性障碍物等参数对瓦斯爆炸压力的影响。OH 等[41]在长度为 0.9 m 的管道内进行了燃气爆炸试验,研究了管道内障碍物对爆炸过程的影响。景国勋等[43]则依托中国矿业大学瓦斯煤尘爆炸实验室开展了爆燃试验,其特别之处在于采用半封闭受限空间的小比例管道装置,结果表明:瓦斯在爆燃情况下,爆炸超压呈先上升后下降的趋势,并随传播距离逐渐减弱直至消失。

图 1-7 小比例管廊模型燃气爆炸试验 [36]

图 1-8 华北科技学院小比例巷道模型装置 [40]

　　在大尺寸模型试验中,研究者针对天然气等可燃气体爆炸荷载分布规律及爆炸产生的冲击波规律等进行了研究。Smith 等[44]在长 18 m 的密闭空间内进行了甲烷／空气混合气体爆炸试验,研究了爆炸冲击波的传播规律。陆军工程大学方秦团队[45-47]研制了长 30 m、截面尺寸为 0.8×0.8 m^2 的可燃气体爆炸试验管道系统并进行了系列试验(见图 1-9),研究了天然气爆炸冲击波在管道内外的传播规律及超压分布预测模型,其结果表明:管道内爆炸超压存在振荡现象;超压峰值随气体体积分数的增加呈现先增加后降低的趋势;设置顶部泄爆口能够明显降低上游荷载并阻断火焰传播。王东武[48]、司荣军[49]等在长 710 m、截面尺寸为 7.2×7.2 m^2 的巷道内进行了瓦斯爆炸试验,研究了传播距离、气体体积对爆炸特性的影响,得出爆炸超压随瓦斯体积的增加而增大的结论。龙源等[50-51]开展了大口径高压天然气输气管道天然气爆炸原型试验(见图 1-10),对爆炸冲击波的产生机理、传播规律进行了研究,得到了近场冲击波在有限空间内空气中传播的衰减过程和超压幅值的变化规律。Wingerden 等[52]为了研究管道端部开口情况对爆炸超压的影响,在长 40 m、直径 1.4 m 的圆形管道中进行了甲烷／空气预混气体爆炸试验,得出两端密闭的管道爆炸超压大于管道一端开口、一端封闭的爆炸超压的结论。Zipf 等[53]在林恩湖实验矿(Lake Lynn Experimental Mines,LLEM)两端封闭的互联巷道内进行了甲烷爆炸试验,分析了不同气体体积、不同点火方式(端部、口部)对爆炸荷载的影响,研究了煤矿密封件受到的压力时程曲线,并给出了密封件的爆炸压力设计准则。徐景德等[54]在长 518 m、截面尺寸为 5×5 m^2 的巷道中也进行了瓦斯爆炸试验,研究了点火点位置、气体体积分数等对爆炸超压的影响,结果表明:当在封闭端点火时超压峰值最大,当在开口端点火时超压峰值最小,且当气体体积分数为 9.5% 时,爆炸超压峰值达到最大。

图 1-9　大尺寸管道燃气爆炸试验 [45-47]

图 1-10　全尺寸高压天然气管道爆炸试验 [50-51]

3. 数值模拟

由于数值模拟具有成本低廉、省时高效、操作简便等优点,因此得到了国内外研究者的青睐。近几年,随着计算流体动力学(Computational Fluid Dynamics, CFD)软件技术的不断发展和完善,涌现出许多成熟的大型商业软件。目前,用于模拟可燃气体爆炸数值计算的商业软件包括 FLACS、FLUENT、AutoReaGas 等。

陈晓坤等 [55] 通过 FLACS 软件对独头巷道内瓦斯爆炸进行了模拟研究,分析了气体体积分数及障碍物对爆炸超压的影响。Zhu 等 [56] 运用 FLACS 软件对大尺寸直管隧道内甲烷/空气预混气体的爆炸进行了模拟,研究了气体体积分数、堵塞比、隧道长度和截面对爆炸超压的影响。罗振敏等 [57] 通过 FLACS 软件建立简单的密闭空间模型,并对瓦斯爆炸传播中的压力变化过程进行了模拟研究。孙庆文 [35] 利用 FLACS 软件建立综合管廊模型,研究了管廊在燃气爆炸作用下爆炸荷载分布,如图 1-11 所示。Sun 等 [58] 利用 FLACS 软件对隧道内 LNG 罐车泄漏扩散进行了模拟,分析了气云体积分数和温度的分布规律,并通过数据拟合建立了适用于不同泄漏孔径、截面形状、泄漏时间的消防安全距离的简化计算模型。Pedersen 等 [59] 利用 FLACS 软件建立了马蹄形及矩形两种不同隧道模型,研究了氢气在通风方式不同的情况下的泄漏过程。结果表明:氢气爆燃危害程度与纵向通风水平关系不大。E Vyazmina 等 [60] 利用 FLACS 软件对氢气-空气混合气体爆炸试验进行数值模拟,验证了 FLACS 软件预测不同条件(气体体积分数、点火位置等)下爆炸超压的准确性。

（a）管廊模型图　　　　　　　　　　　　　（b）爆炸压力云图

图 1-11　综合管廊燃气爆炸数值模拟 [36]

谢尚群 [35] 利用 FLUENT 软件进行了缩比尺寸的综合管廊内甲烷 – 空气预混气体爆炸模拟，研究了泄压口对管廊壁面爆炸超压的影响。吴卫卫 [61]、白岳松 [62]、郑凯 [63] 通过 FLUENT 软件模拟了不同工况（开口、封闭）下管道内燃气爆炸，研究了泄压面积对爆炸荷载的影响。Sung 等 [64] 通过 FLUENT 软件模拟了不同泄漏速率情况下受限空间内甲烷气体的爆炸对爆炸危险区域的影响。

宫广东等 [65] 利用 AutoReaGas 软件模拟了管道中燃气爆炸，定量研究了其爆炸性能，并对不同情况下的爆炸荷载进行了分析。冯长根 [66]、江丙友 [67] 等利用 AutoReaGas 软件对独头巷道内瓦斯爆炸进行了模拟，并对其爆炸影响因素（点火点位置、巷道尺寸）进行了研究。杨石刚等 [68] 针对 AutoReaGas 软件的不足，开发了浓度接口，可以将 FLUENT 计算的非均匀实际浓度场导入 AutoReaGas 软件进行燃气爆炸数值计算，扩大了软件的适用范围。Michele 等 [69] 通过 AutoReaGas 软件模拟了管道内可燃气体爆炸过程，研究了管道截面、直径等因素对爆炸荷载的影响，得出管道直径、截面对爆炸超压均有影响的结论。

1.2.2　结构抗燃气爆炸安全防护技术研究

1. 燃气爆炸作用下结构动力响应

目前，国内外学者针对综合管廊、坑道、隧道、管沟等长直结构进行了大量动力响应试验研究，并取得了一定的成果。Wu 等 [70] 在长 20 m 的地下管廊模型内进行了燃气爆炸试验（见图 1-12）研究，分析了气体体积分数、泄压面积等对管廊抗爆性能的影响，并基于试验结果得出了不同类型混凝土板的爆燃压力冲量曲线。Zhong 等 [71] 对埋地管道（聚乙烯管、钢管）进行了固体炸药爆炸试验，分析了炸药量、爆距等因素对爆炸荷载的影响，结果表明：聚乙烯管的应变与比例距离 Z（m·kg$^{-1/3}$）呈幂函数指数形式的衰减关系。Hou 等 [72] 在长度为 80 m 的大尺寸地下管沟内重现山东青岛 "11·22" 爆炸事故现场（见图 1-13），对管沟盖板的损伤破坏机理进行了研究。周健南等 [73] 对综合管廊在固体炸药爆炸作用下的动力响应进行了试验研究，分析了不同爆深对管廊顶板动力响应的影响。

图 1-12　地下管廊模型内燃气爆炸试验 [70]

图 1-13　大尺寸地下管沟燃气爆炸试验场地 [72]

　　数值模拟技术同样广泛应用于研究燃气爆炸荷载作用下的结构响应,数值模拟软件具有易操作性、高效性、准确性等优点,受到了广大学者的青睐,一些模拟商业软件如 LS-DYNA、AUTODYN、ABAQUS 等陆续涌现。Jia[74] 用 LS-DYNA 软件模拟了不同直径的管道在燃气爆炸作用下的冲击破坏特性,结果表明:破坏程度随着半径的增加而增加,其结果对瓦斯爆炸的防灾减灾提供了指导作用。Zhang[75] 对甲烷和空气的混合体在地下矿井爆炸的传播进行了仿真(见图 1-14),检验了煤矿移动式避难硐室结构的安全性。陈长坤等 [76] 针对地下管廊结构内部燃气爆炸进行了模拟,分析了管廊结构在燃气爆炸荷载下的动力响应。

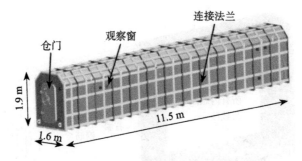

（a）硐室模型示意图

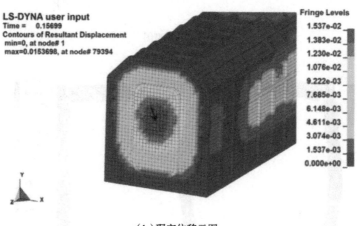

（b）硐室位移云图

图 1-14 燃气爆炸作用下避难硐室数值模拟 [75]

张杨[77] 通过 LS-DYNA 软件对燃气爆炸作用下综合管廊动力响应进行了研究，提出不同工况下爆炸冲击波拟合曲线方程。刘中宪[78]、张凯猛[79]、孙加超等[80] 使用 LS-DYNA 软件对地下管廊在燃气爆炸作用下的动力响应进行了模拟研究。蔡炯炜[81] 利用 LS-DYNA 软件研究了浅埋管沟在燃气爆炸荷载作用下的动力响应，结果表明：管沟上边角及顶板中央位置是结构的薄弱部位。Wang 等[82] 通过 LS-DYNA 软件对瓦斯爆炸下综合管廊的抗爆性能进行了模拟研究（见图 1-15），分析了爆炸荷载、断面形式等因素对管廊抗爆性能的影响。匡志平等[83] 利用 LS-DYNA 软件对固体炸药爆炸下钢筋混凝土框架结构的动力响应进行了模拟研究，分析了配筋率、截面形状等因素对结构损伤的影响，结果表明：在结构的梁中间位置、节点连接处最容易发生破坏，且损伤最严重。师燕超[84] 通过 LS-DYNA 软件研究了钢筋混凝土结构在爆炸荷载下的力学性能，结果表明：混凝土强度、箍筋配筋率等对其抗爆能力有很大影响。

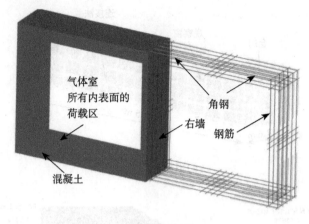

（a）管廊模型图

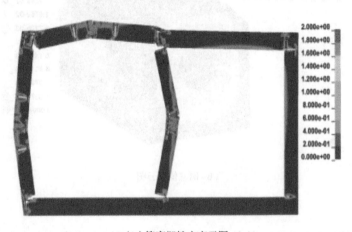

（b）管廊塑性应变云图

图 1-15　燃气爆炸作用下管廊数值模拟[82]

　　龚焱[85]通过 AUTODYN 有限元软件建立了燃气舱、炸药及土体的三维模型,通过 TNT 当量法对爆炸作用下邻近管廊的地铁隧道的动力响应进行了研究,分析了两者间距、土体等对动力响应结果的影响。郑健[86]利用 AUTODYN 有限元软件对多层钢筋混凝土框架结构在爆炸荷载作用下的动力响应进行了模拟,研究了结构的损伤程度。胡霖嵩[87]等通过 ABAQUS 软件对碳纤维增强复合材料(CFRP)加固后的桥梁模型进行了模拟研究,分析了加固后梁的力学性能变化,结果表明:CFRP 加固提高了梁的承载力,使梁结构延性减弱,混凝土裂缝程度减轻。孟闻远[88]等通过 ABAQUS 软件对混凝土试验梁进行了数值模拟研究,分析了试验梁的塑性损伤特征。V.A. Kuznetsov 等[89]使用混凝土材料动态塑性损伤模型来预测普通钢筋混凝土板和高强度钢纤维混凝土板在爆炸荷载下的动力响应,并将结果与试验数据进行了比较。Anirban De 等[90]采用数值模拟的方法对地下隧道进行了炸药爆炸研究,分析了结构材料、炸药强度等对隧道损伤程度的影响。

2. 结构抗燃气爆炸防护技术

目前,国内外许多学者对固体炸药爆炸作用下长直受限空间(综合管廊、坑道、隧道等)内的防护技术进行了大量的研究,主要是通过结构强化、局部加固、能量吸收等措施提高结构本身的抗爆性,同时,通过设置泄爆口以及抑爆措施等方法降低爆炸荷载。这些方法可以为燃气爆炸作用下结构的防护提供一定的参考依据。

(1)结构强化

通过采用高性能材料对整体结构进行强化来提高抗爆性能是最直接的方法。Lok等[91]对掺入钢纤维混凝土靶的抗爆性进行了试验研究,得出掺入钢纤维能有效提高结构的抗爆性能的结论。吴成清等[92-94]对20 m长的地下管廊模型进行了燃气爆炸试验,研究了超高性能混凝土(UHPC)板、玄武岩纤维钢筋增强的UHPC板和钢纤维增强的聚合物混凝土板在燃气爆炸作用下的抗爆性能(见图1-16)。结果表明:与普通钢筋混凝土相比,超高性能钢筋混凝土具有较好的防护作用。刘中宪等[95]利用LS-DYNA软件对超高性能钢纤维混凝土隧道衬砌的抗爆性能进行了模拟研究,对比分析了超高性能钢纤维混凝土与普通混凝土隧道衬砌的抗爆能力,得出超高性能钢纤维混凝土的抗爆性能更强的结论。甘云丹等[96]对喷涂聚脲的钢板和砌体墙分别进行了仿真模拟,得出聚脲能增强钢板和砌体墙的抗爆性能的结论。许林峰等[97]对聚脲加固后的砌体填充墙进行了爆炸试验,研究了结构在爆炸荷载作用下的抗爆性能,结果表明,使用聚脲加固可显著提高结构抗爆能力。

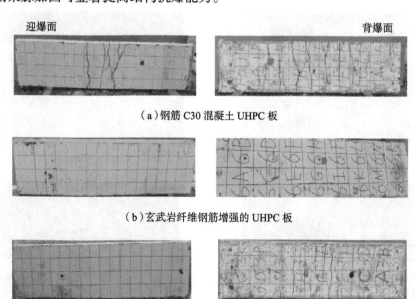

迎爆面　　　　　　　　　　　　　　　　背爆面

(a)钢筋C30混凝土UHPC板

(b)玄武岩纤维钢筋增强的UHPC板

(c)钢纤维增强的聚合物混凝土板

图1-16 燃气爆炸作用下管廊不同混凝土板的破坏形式[92-94]

（2）局部加固

通过对结构表面进行局部外贴加固来提高抗爆性能是目前常用的方法之一。章毅[98]通过建立缩比框架填充墙,对固体炸药爆炸荷载作用下结构的动态响应进行了试验研究(见图1-17),分析了用不同加固材料(钢板、钢丝网、碳纤维布)加固后的框架填充墙的抗爆效果,结果表明:用三种不同材料加固后的填充墙的抗爆能力增加,且用钢丝网加固后框架填充墙的抗爆性增强最明显。李展[99]对用纤维增强复合材料(FRP)加固后的黏土砖砌体墙在燃气爆炸作用下的抗爆性能进行了试验和数值模拟研究(见图1-18),结果表明:采用FRP加固结构可以减轻墙体的塑性损伤,且玻璃纤维增强复合材料(GFRP)和玄武岩纤维增强复合材料(BFRP)的加固效果比碳纤维增强复合材料(CFRP)好。吴刚[100]、Wang[101]、Pessiki[102]和Xiao等[103]对用FRP加固后的钢筋混凝土梁、柱的力学性能进行了研究,分析了加固层数、粘贴长度等因素对其力学性能的影响,结果表明:FRP加固混凝土梁、柱可以提高结构的力学性能,且随着FRP厚度的增加,结构抗爆性能增加。Berthet等[104]研究了利用FRP加固后的不同强度混凝土试件的加固效果,分析了不同因素(FRP种类、层数等)对其力学性能的影响,得出CFRP对混凝土试件的约束强度较GFRP高的结论。Zhou等[105]对BFRP筋管廊进行了抗爆试验研究,结果表明:与普通钢筋管廊相比,BFRP筋管廊抗爆性能更好。蔡炯炜[81]利用LS-DYNA软件对用FRP加固后的管沟在燃气爆炸荷载作用下的抗爆性能进行了模拟研究,分析了格栅型、十字型、条状型等不同FRP加固方式对结构抗爆性能的影响,得出格栅式粘贴BFRP加固结构效果较好的结论。

（a）未加固

（b）钢丝网加固

（c）碳纤维复合材料（CFRP）加固

（d）钢板加固

图1-17 爆炸作用下框架填充墙的抗爆效果[98]

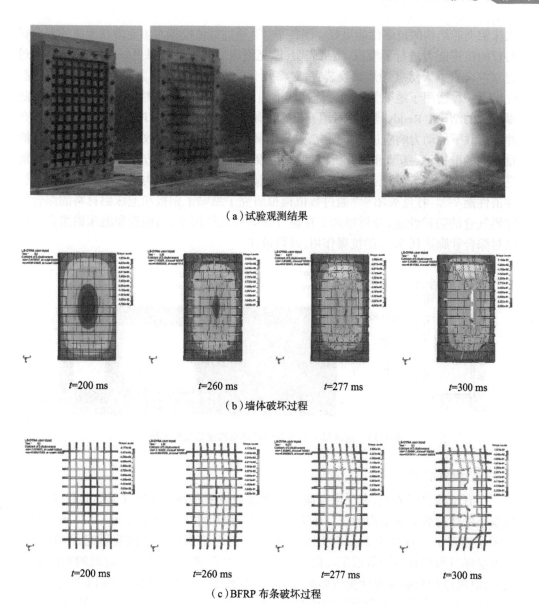

（a）试验观测结果

t=200 ms　　　　t=260 ms　　　　t=277 ms　　　　t=300 ms

（b）墙体破坏过程

t=200 ms　　　　t=260 ms　　　　t=277 ms　　　　t=300 ms

（c）BFRP 布条破坏过程

图 1-18　BFRP 布均匀加固蒸压加气混凝土砌块砌体墙破坏过程的对比 [99]

（3）能量吸收

除了可以对结构表面进行粘贴加固外，还可以通过采用泡沫铝结构、喷涂吸能材料等措施来提高结构抗爆性能。李忠献等 [106] 对地铁隧道内衬砌敷设泡沫铝结构的抗爆性能进行了研究，得出泡沫铝可以起到消波吸能的作用、抗爆性能较好的结论。边小华等 [107] 通过数值模拟研究了泡沫铝对坑道内爆炸冲击波的影响，结果表明：泡沫铝可以有效地降低冲击波最大超压。刘希亮等 [108] 通过数值模拟对管廊内敷设泡沫铝结构和钢板 – 泡沫铝 – 钢板夹芯结构的抗爆性能（见图 1-19）进行了研究，结果表明：

泡沫铝夹芯结构的抗爆性能更好。汤传平[109]通过数值模拟对填充微珠泡沫的复合材料管的抗爆能力进行了模拟,结果表明,填充泡沫后其吸能效果更好。Wu 等[110]通过建立综合管廊天然气爆炸试验装置,对多孔介质抑制作用下压力动力学进行了研究,提出了一种适用于地下管廊的爆炸抑制措施,得出用多孔介质衬砌侧壁具有一定的防爆效果的结论。Reddy 等[111]对填充低密度硬质聚氨酯泡沫(RPUF)的薄壁金属管在冲击荷载下的动力响应进行了研究,发现金属管变形形式发生改变。Niknejad[112]在能量关系的前提下,基于理论分析,对填充了聚氨酯泡沫的薄壁方管发生叠缩的总吸能进行了研究。研究发现:在结构表面喷涂泡沫材料可以使结构具有很好的吸能及抗冲击性能[113]。呼延辰昭[114]通过数值模拟研究了粘贴了钢板和泡沫铝材料的综合管廊燃气仓的防护性能,分析得到了在燃气爆炸荷载作用下,当钢板和泡沫铝组合时可以对综合管廊达到 52% 的抗爆作用,效果最佳。

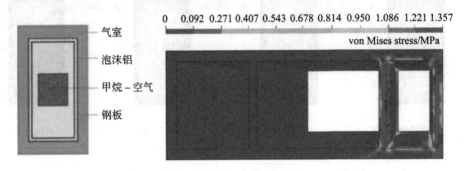

图 1-19　泡沫铝 + 钢板复合抗爆结构塑性应变云图[108]

（4）设置泄爆口

已有试验研究表明,在受限空间设置泄爆口能够有效降低燃气爆炸荷载,从而实现减小爆炸荷载下的结构响应。孙庆文[36]对一段尺寸大小为 0.11 m × 0.11 m × 6 m、顶部设置若干个直径为 2 cm 泄压口的小比例综合管廊进行了试验研究,结果表明:设置泄爆口可以有效降低超压峰值,并且泄爆口数量越多,超压峰值降低的幅值越大;此外,泄爆过程对超压及冲量的影响很大,设置泄爆口往往能降低 50% 以上的超压和冲量值。方秦等[45-47]在野外试验场利用一段尺寸大小为 0.8 m × 0.8 m × 30 m 的方形管道(见图 1-20),在不同工况下进行了 12 批次的燃气爆炸试验,结果表明:在管道顶部设置泄爆口可以将爆炸超压的数值降低 13%~91%,并且减少火焰在管道内的传播距离,而当泄爆口个数减少时,管道内燃气爆炸的强度将会增强。龚焱[85]针对规范中防火分区内一段长为 200 m 的综合管廊燃气仓,利用 FLUENT 软件进行了燃气爆炸数值模拟分析,结果表明:当泄爆口设置在投料仓和通风口之间时,泄爆效果较好,泄爆口的长度越大,泄爆效率越高,当泄爆口与投料仓的长度比值为 0.65~0.7 时,燃气仓的泄爆能力最佳。

（a）试验装置

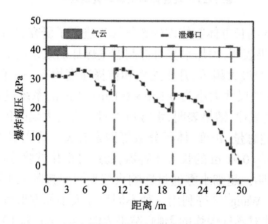

（b）泄爆口对爆炸超压的影响

图 1-20 顶部设置泄爆口的方形管道 [45-47]

董浩宇[115]利用 FLACS 软件对一段充满可燃气体云的综合管廊进行了燃气爆炸数值模拟,分析了通风口对泄爆效果的影响,结果表明:设置通风口可以有效地降低超压峰值,而当通风口的长宽比例越大时,泄爆的效率越高,在通风口上设置泄爆板会增大管廊内的超压峰值,且泄爆阈值越大,管廊内的超压峰值也越大。

在地下管沟结构设计中,可以参照地下管廊等结构在顶部盖板的位置设置一定数量的泄爆口,当发生燃气爆炸事故时起到一定的泄压作用,达到主动防护的效果。

（5）抑爆措施

通过采取一系列的抑爆措施,如加入水系(液态水、水雾)、惰性气体(N_2、CO_2)等,可以起到抑制燃气爆炸、减轻灾害后果的作用。如图 1-21 所示,张晓忠等[116-117]通过试验研究了不同长度的袋装水和均布水对实际坑道内抑爆消波性能的影响,并分析了当坑道内爆炸时水的消波作用机理,结果表明:均匀置水和集中置水都在一定程度上起到消波作用,但均匀置水的消波效率要高于集中置水。秦文茜等[118]对尺寸大小为

（a）袋装水　　　　　　　　　　　　　（b）均布水

图 1-21　坑道抑爆试验布置现场[116-117]

0.1 m × 0.1 m × 0.6 m 的长方体腔体内的燃气爆炸进行了研究,分析了超细水雾对燃气爆炸的抑制作用,结果表明,添加水雾对抑制燃气爆炸的效果明显,当腔内水雾的体积增加时,爆炸冲击波的最大超压、升压速率和传播速度均有一定程度的降低。刘旺亚等[119]利用自行设计的尺寸大小为 0.1 m × 0.1 m × 3 m 的系统进行试验,分析了火焰在水雾条件下的传播规律,结果表明,水雾可以对管道内火焰的传播起到抑制作用,且抑制的效果与水雾的总量、长度、体积分数等因素有关。曹兴岩等[120-121]利用尺寸大小为 0.15 m × 0.15 m × 0.91 m 的长方体容器,通过可视化试验分析了超细水雾对燃气爆炸的影响,结果表明:超细水雾通过影响火焰形状间接降低了爆炸强度,能够实现对爆炸的完全抑制。Wang[122]等利用三种不同尺寸大小的方形管道试验系统,研究了水雾直径和管道尺寸对燃气爆炸的影响,结果表明:45 mm 和 100 mm 直径的水雾并没有对燃气爆炸起到较好的抑制作用,相反,在一定程度上加剧了爆炸程度,而直径大于 160 mm 的水雾则可以有效地抑制爆炸,管长和管径之比越大,其降低火焰传播的速度就越好。

余明高等[123-124]利用尺寸大小为 0.12 m × 0.12 m × 0.84 m 的甲烷爆炸试验系统,分别研究了 N_2—细水雾系统和 CO_2—超细水雾系统抑制管道内燃气爆炸的特性,结果表明:两种系统均有较好的抑爆效果,且随着抑爆气体体积分数的增加、喷雾时间的延长,系统的抑爆效率也越高。贾宝山等[125]等对 N_2 和 CO_2 在巷道内抑制瓦斯爆炸的特性进行了研究,计算结果表明:在相同条件下,CO_2 的抑爆效果比 N_2 更好。

因此,在条件允许的情况下,在管沟内注入液态水、水雾等水系或 N_2、CO_2 等惰性气体,可以抑制燃气爆炸的发生或降低爆炸的强度。

3. 爆炸冲击波损伤评估

超压准则、冲量准则和超压—冲量准则是爆炸冲击波损伤评估常用的三种准则。爆炸对人员的伤害情况根据距离的不同一般可分为死亡区、重伤区、轻伤区和安全区[126]。爆炸对人类有六种伤害特征,即耳膜破裂、肺出血、全身移位损伤、抛射物伤害、烧伤、中毒性损伤[127]。而由爆炸超压引起的肺出血和鼓膜破裂是需要考虑的两种主要损伤效应。结构构件在爆炸荷载作用下的破坏程度,可以通过 P-I 图(又称等损伤曲线)来预测。

损伤标准除了可以从超压 - 冲量组合与预期损伤程度相关的表格或曲线中获得外,也可以从概率方程中获取,该方程的一般形式为

$$Y = A + B\ln F \tag{1-1}$$

$$R = -3.25Y^3 + 48.76Y^2 - 206.6Y + 270.35 \tag{1-2}$$

其中:A 和 B 为无量纲常数,取决于损伤类型;F 为导致伤害的各种因素的函数,为超压和冲量的组合;Y 为概率变量;R 为伤害百分比(%)。

方程的爆炸参数与遭受到一定程度损伤的暴露人群百分比相关。概率方程基于在实验室中对动物的实验和对以往灾害造成的损害的研究,广泛用于确定对人、设施和结构的损害,是使用最广泛的用于确定损伤的方法,适用于超过最大火焰距离的情况。Assael[128] 列出了肺出血、鼓膜破裂、头部撞击、全身撞击、飞石的伤害概率方程。Alonso[129] 比较计算了鼓膜破裂、肺出血、头部及全身撞击的人员死亡率,并将概率方程绘制在特征曲线的图中,图 1-22 所示为当 VCE 等级为 10 时,爆炸能量与爆炸距离的函数关系,直接用于评估对人的伤害。

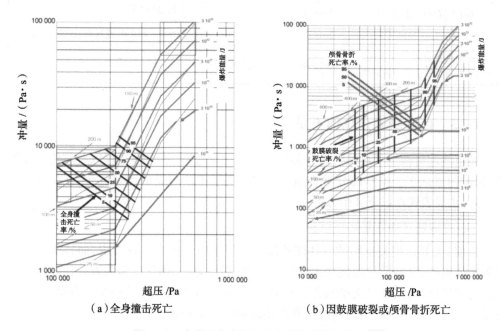

(a)全身撞击死亡　　　　　(b)因鼓膜破裂或颅骨骨折死亡

图 1-22　人员死亡率与距离和爆炸能量的关系[129]

目前,关于爆炸冲击波对建筑物破坏的超压准则,国内有多个行业规范:一是《化工企业定量风险评价导则》(AQ/T 3046—2013)[130] 和《危险化学品生产装置和储存

设施外部安全防护距离确定方法》（GB/T 37243—2019）[131] 给出的建筑物的破坏程度与超压关系准则；二是《爆破安全规程》（GB 6722—2014）[132] 给出的建筑物的破坏程度与超压关系。此外，一些学者针对冲击波对建筑结构的损伤或人员的伤害进行了不同的总结。爆炸冲击波损伤破坏准则如表 1-4 所列。多数学者主要根据超压准则进行查表判断损伤或伤害程度，在不考虑超压作用时间的条件下，认为当冲击波的压强达到或超过建筑、人员或构件所能承受的极限时会发生破坏。也有少数学者通过 P-I 准则评估对目标的损伤效应，但是目前没有一个统一的标准，多数都是经验数据，且各标准之间有不小的差异。随着计算机技术的发展，针对燃气爆炸的后果评估，也可以利用计算机软件进行二次开发，研发可视化软件，让分析过程更快速、结果更直观简洁。

表 1-4　爆炸冲击波损伤破坏准则一览表

学者 / 机构 / 标准	时　间	爆炸冲击波作用目标	
		人　员	建筑结构
Assael & Kakosimos[128]	2010 年	—	钢筋混凝土结构、钢结构、玻璃、储油罐、火车车厢
TNO[133]	1992 年	鼓膜破裂、肺出血	钢筋混凝土结构、玻璃
AQ/T 3046—2013[130]	2013 年	—	玻璃、钢结构、混凝土墙、火车车厢、石膏板、窗户框架
GB/T 37243—2019[131]	2019 年	—	
GB 6722—2014[132]	2014 年	—	砖外墙、木屋盖、瓦屋面、顶棚、内墙
Health and Safety Executive（英国健康与安全执行局）[134]	2010 年	死亡率	—

1.2.3　已有研究存在的不足

城市浅埋管沟燃气爆炸包含了复杂的物理化学过程、热力学过程以及热传导过程等，影响因素众多。虽然部分学者通过研究取得了丰硕的成果，但是仍然存在许多不足之处，主要表现在以下 4 个方面：

（1）管沟燃气爆炸基础性试验

目前，大部分相关空间的气体爆炸试验主要集中于小尺寸管道内，而且研究内容多为爆炸机理、火焰形状变化和火焰传播过程；另外，由于爆炸试验装置往往经过了一定的简化缩比，与实际管沟结构差异较大，因此大部分研究成果适用范围有限，在结构复杂的大尺寸管沟中的运用性能可靠性还需要进一步验证。

（2）管沟燃气爆炸荷载计算方法

在现有类似管沟空间的燃气爆炸研究中，由于爆炸试验装置尺寸较小，基础数据较少，因此爆炸荷载的计算难度较大，包括超压时程曲线的规律、爆炸超压和冲量、升压速度、超压持续时间等方面的研究则更少。部分学者通过理论分析和经验公式拟合的方法得到荷载衰减模型,但是由于过度简化且缺少必要的试验验证,理论模型的适用范围受到了限制。

（3）燃气爆炸作用下管沟结构的动力响应及防护技术

国内外学者在燃气爆炸作用下对类似于浅埋管沟的结构进行了大量的结构动力响应研究,但是大多以数值模拟或试验为主,也有用理论分析单个构件的动力响应的,而现有对长直空间的研究成果的借鉴意义有限,应开展对浅埋管沟的损伤破坏机理分析,为下一步的灾害效应评价奠定基础。对燃气爆炸灾害防护技术的研究,目前主要集中在新材料应用方面,对于规划设计方面和新结构应用方面的研究刚刚起步,尚有一系列问题需要进一步深入研究。

（4）管沟燃气爆炸损伤评估

目前,国内外学者针对燃气爆炸灾害进行评价分析、研究的模型主要集中在开敞空间、球体、半球体、圆柱形、长方体等,对类似于浅埋管沟结构的长直空间内燃气爆炸的后果评价较少,且不同的学者和研究机构会选择不同的参考依据进行评估。因此,需要进行更深入的研究。

1.3 本书主要内容

本书依托江苏省优秀青年自然科学基金资助项目"燃气爆炸作用下城市浅埋管沟损伤破坏机理及工程防护研究"（BK20180081）,采用试验研究、数值模拟以及理论分析相结合的方法对城市浅埋管沟燃气爆炸荷载进行研究,分析管沟泄爆口的泄爆效应并建立超压峰值分布模型,研究爆炸冲击波在地面的传播规律并进行灾害效应评估分析,研究管沟盖板在燃气爆炸荷载作用下的动力响应并提出有效的加固措施。本书的主要内容包括以下6个方面:

（1）管沟燃气爆炸试验

自主研发了一套管沟燃气爆炸试验系统,该系统功能性强,能够得到管沟内部荷载的分布规律以及火焰传播情况。通过改变甲烷体积分数,系统地开展了顶部泄爆管沟燃气爆炸试验,分析了该场景下的超压时程曲线特征、火焰传播过程及荷载分布特征,研究了燃气体积分数以及顶部泄爆口对爆炸荷载的影响。

（2）管沟燃气爆炸泄爆效应

基于管沟燃气爆炸试验结果对FLACS软件的参数进行了标定。在此基础上对不同泄爆条件下的城市浅埋管沟燃气爆炸进行了数值模拟,分析了泄爆口的泄爆机理、管沟内爆炸火焰的传播规律以及荷载分布特征等,较系统地研究了顶部泄爆口数量、位置、尺寸以及端部开口尺寸对泄爆效应的影响。

（3）管沟燃气爆炸荷载分布模型

通过数值模拟的方法研究了管沟内部燃气爆炸机理、超压时程曲线特征以及荷载分布规律,分析了管沟端部开口、可燃气云体积以及管沟尺寸对荷载分布的影响。基于小尺寸管沟燃气爆炸模拟数据和大尺寸巷道瓦斯爆炸数据,采用理论分析和经验公式拟合的方法建立超压峰值分布模型。

（4）管沟内燃气爆炸冲击波地面传播规律

通过数值模拟的方法研究了管沟内燃气爆炸产生的冲击波通过泄爆口向地面传播的规律、地面不同位置超压时程曲线特征以及超压峰值分布规律,分析了点火点位置、泄爆口大小、气云长度和管沟截面面积等因素对地面爆炸冲击波荷载的影响。

（5）管沟燃气爆炸事故灾害效应评估

基于超压伤害准则,评估了爆炸冲击波对地面建筑物损伤和人员伤害的危险距离,分析了点火位置、泄爆口大小、气云长度和管沟截面面积对危险距离的影响。另外,对青岛"11·22"原油泄漏爆炸事故进行了仿真分析,分析了有无泄爆板情况下管沟燃气爆炸事故灾害效应,同时验证了超压峰值分布模型的可靠性和适用范围。

（6）管沟盖板在燃气爆炸荷载作用下的动力响应

通过有限元分析软件 LS-DYNA 研究了管沟盖板在燃气爆炸荷载作用下的损伤破坏机理,分析了混凝土强度、混凝土厚度、钢筋强度和钢筋直径等因素对管沟盖板动力响应及抗爆性能的影响。进一步研究了 FRP 加固管沟盖板后的防护效果,对 FRP 纤维类型、加固层数和加固方式等影响因素进行了分析。

第 2 章　管沟燃气爆炸试验

为了深入研究城市浅埋管沟燃气爆炸特性,得到管沟内燃气爆炸荷载分布规律,本章基于自主设计的管沟可燃气体爆炸试验系统(选用甲烷 - 空气混合气体作为燃烧介质),在野外进行了一系列管沟燃气爆炸试验,研究可燃气体体积分数及泄爆口布置对管沟内部荷载的影响。

2.1　试验设计

2.1.1　试验装置

试验系统由浅埋管沟模型、泄爆装置、数据采集装置、燃气配送及混合装置、浓度控制装置、点火装置、同步启动装置等组成,具体布置如图 2-1 所示。

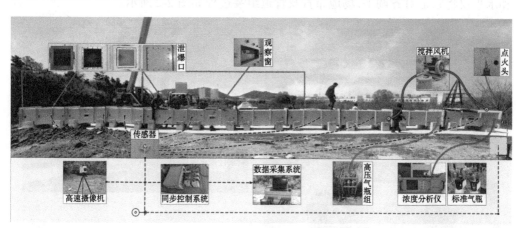

(a)系统实物图

图 2-1　管沟燃气爆炸试验系统

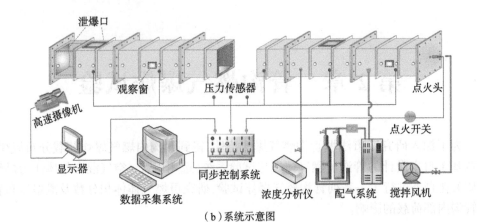

（b）系统示意图

图 2-1　管沟燃气爆炸试验系统（续）

1. 试验场地

为了支撑管沟爆炸模型主体，在试验场浇筑了一块 32 m×2 m×0.2 m 的混凝土地坪，并且按照一定间距在地坪上修筑了 20 个钢筋混凝土 U 形底座，每个底座对应一个钢箍，用于支撑和固定管沟模型，防止燃气爆炸过程中管道发生偏移，每两个底座对应于一节管沟。通过吊机将管沟按照工况需求依次布置在对应位置，然后通过激光仪和水平仪将管道对齐调平，场地布置及管道组装过程如图 2-2 所示。

（a）固定装置

（b）管道吊装

图 2-2　场地布置及管道组装过程

（c）调平对正

图 2-2　场地布置及管道组装过程（续）

2. 浅埋管沟模型

试验系统以长 30 m 的方形截面管沟模型为主,它由 10 节长 3 m 的管道通过法兰－螺栓拼接组成。为了保证足够的气密性,管道之间夹有一层预制的橡胶垫层。每节管道的内部空间尺寸为 3 m × 0.8 m × 0.8 m,壁厚 3 cm,整体的静载设计为 1 MPa,管道主体的材料为普通碳钢,内表面为光滑壁面,外表面涂有防锈油漆。根据试验需要,管道上预留有多个孔洞,可用以安装压力传感器、点火头等。为了观察爆炸火焰,部分管道侧面设置有观察窗,管沟细节如图 2-3 所示。根据管道上的泄爆口和防爆观察窗将试验管道分为三类:基础管道、观察管道、泄爆管道,如图 2-4 所示。根据试验研究内容可以调换不同管道的布置方式。

（a）法兰盘连接垫　　　　（b）观察窗　　　　　　（c）压力传感器

图 2-3　管沟细节图

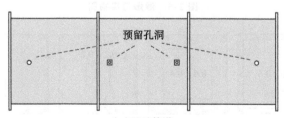

（a）基础管道

图 2-4　不同类别管道示意图

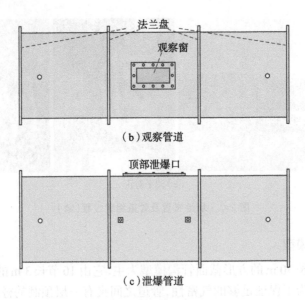

（b）观察管道

（c）泄爆管道

图 2-4 不同类别管道示意图（续）

3. 泄爆装置

根据管身泄爆口、端部泄爆口和泄爆板可以设置不同的泄爆条件，如图 2-5 所示。通过改变泄爆口和泄爆板能够控制泄爆方向、泄爆口数量、泄爆面积、泄爆阈值。泄爆口分为 0.8 m × 0.8 m 的端部泄爆口和 0.6 m × 0.6 m 的管身泄爆口，前者只能够沿着管径方向布置，后者能根据不同的管道布置方式朝向上下左右四个方向。泄爆板包括钢板和聚乙烯薄膜，钢材泄爆板按照泄爆孔面积大小以及布置位置共分为 1 ～ 5 号泄爆板，图 2-6 和图 2-7 分别为管身泄爆和端部泄爆装置。钢材泄爆板通过螺栓连接；聚乙烯薄膜则通过胶带和磁条进行安装固定，首先在泄爆口的四条边粘贴双面胶，然后将薄膜平整地张贴，最后将磁条贴在外层，保证足够的气密性。

图 2-5 泄爆口实物图

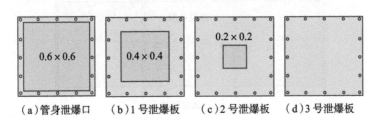

（a）管身泄爆口　（b）1 号泄爆板　（c）2 号泄爆板　（d）3 号泄爆板

图 2-6 管身泄爆装置

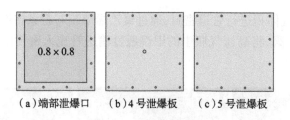

（a）端部泄爆口　（b）4 号泄爆板　（c）5 号泄爆板

图 2-7　端部泄爆装置

4. 数据采集装置

因为数据采集装置直接控制着试验结果的形式转化，所以一套完整的数据采集系统对于试验结果而言至关重要。本试验的数据采集装置包括：压力传感器、DH5927 动态信号测试分析仪、高速摄像机、计算机等，如图 2-8 所示。

图 2-8　数据采集装置

本试验采用的昆山双桥 CYG1409 型传感器，量程为 $-1 \sim 1$ MPa，精度为 0.5%，输出电压 $0 \sim 5$ V。为了能够收集管道内不同距离处的荷载数据，每节管道侧面均预留有供安装压力传感器的孔洞，图 2-9 所示为传感器布置情况。

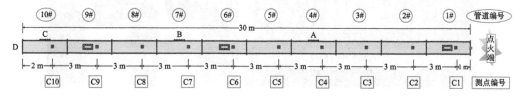

图 2-9　传感器布置示意图

5. 燃气配送及混合装置

燃气配送及混合装置包括高压气瓶组、减压阀、输送管等，如图 2-10 所示。在充气前,按照指定充气体积进行管道密封,通过聚乙烯薄膜与磁条将燃气段隔断;在确定气密性后打开减压阀,将高压气瓶中的甲烷通过输送管充入密封段;打开外置搅拌风机进行搅拌混合。

图 2-10　燃气配送及混合装置

6. 浓度控制装置

在将燃气密封段内的混合气体搅拌完毕后,需要通过浓度分析仪对不同部位的甲烷 – 空气混合气体中甲烷的体积分数进行检测,以保证气云混合均匀并且达到指定体积分数,该步骤需要重复进行直到满足试验条件。在使用浓度分析仪之前需要通过两个标准气瓶(甲烷体积分数为 9.4%、14.76% 的甲烷 – 氮气混合气体)进行标定。浓度控制装置如图 2-11 所示。

图 2-11　浓度控制装置

浓度分析仪气泵 　　浓度分析仪探头

图 2-11　浓度控制装置（续）

7. 点火装置

点火装置包括电点火头、稳压电源、同步起爆仪等,如图 2-12 所示。点火头布置于管沟端部截面中心,通过螺栓装入 4 号泄爆板中心的预留孔洞,点火能量为 100 mJ。为了能够同步启动点火装置以及数据采集装置,通过引爆导线将点火头与 WY2 型同步起爆仪连接。

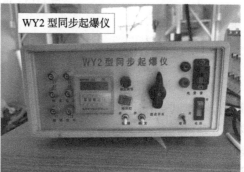

电点火头 　　WY2 型同步起爆仪

图 2-12　点火装置

2.1.2　试验流程

试验的主要操作流程(见图 2-13)如下:

① 将点火头安装在管沟模型的指定位置,并且检验点火头电阻是否正常。

② 按照具体工况要求设置泄爆条件,安装泄爆材料,并且通过聚乙烯薄膜来隔断气云段,以确保形成密闭空间。

③ 打开燃气瓶的充气阀门,通过软管向燃气段管道充入甲烷气体,同时开启搅拌风机将气体混合均匀,用浓度分析仪探头实时监测管道内不同部位混合气体中甲烷的体积分数。当气云段混合气体基本混合均匀,并且甲烷的体积分数接近指定浓度时,

关闭充气阀门停止充气,关闭搅拌风机,封闭监测孔和充气孔。反之,重复上述充气以及混合操作至甲烷的体积分数达到试验要求。(由于甲烷密度低于空气密度,因此为了防止混合气体在长时间静置后发生分层现象,配气达到要求后立即执行下一步操作。)

④ 在配气完毕后,疏散工作人员,立即通过同步起爆仪进行点火。数据采集系统(提前监测各个通道的信号是否正常)同步记录传感器传输的数据,高速摄像机采集爆炸火焰的影像资料。

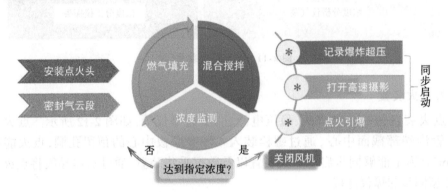

图 2-13　试验流程图

2.1.3　试验工况

试验主要研究混合气体中甲烷的体积分数以及泄爆因素对爆炸特征和传播规律的影响,爆炸试验分别选取了 7.5%、8.5%、9.5%、10.5%、11.5% 共 5 种不同的甲烷体积分数,图 2-14 所示为试验场景示意图,试验工况如表 2-1 所列。将 1# 管道密封作为气云段,即甲烷–空气混合气体的体积为 3 m × 0.8 m × 0.8 m。为了模拟实际管沟的结构,本次试验系统的 1#、3#、6#、9# 管道为观察管道,4#、7# 和 10# 管道为泄爆口向上的泄爆管道,其余均为基础管道,端部泄爆口开启,泄爆口信息如表 2-2 所列。

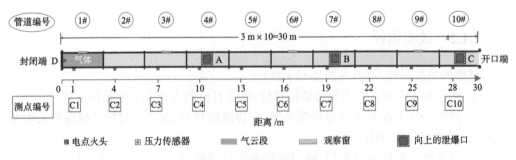

图 2-14　试验场景示意图

表 2-1　管沟模型燃气爆炸试验工况

反应段长度 /m	甲烷体积分数 /%				
	工况 1	工况 2	工况 3	工况 4	工况 5
3	7.5	8.5	9.5	10.5	11.5

表 2-2　泄爆口信息

泄爆口编号	管道位置	中心距离 /m	泄爆口面积 /m²
A	4#	10.5	0.6 × 0.6
B	7#	19.5	0.6 × 0.6
C	10#	28.5	0.6 × 0.6
D	端部	30.0	0.8 × 0.8

2.2　试验结果分析

　　试验选取了 5 种不同甲烷体积分数的甲烷 – 空气混合气体作为研究对象,进行了多组重复性试验,最终得到不同测点的超压时程曲线,如图 2-15 所示。沿 Y 轴方向为爆炸超压的时程关系, X 轴方向为爆炸波传播方向, Z 轴表示爆炸超压值的大小。下面分别对超压时程曲线特征、可燃气体体积分数对爆炸荷载的影响、爆炸荷载分布特征进行分析。

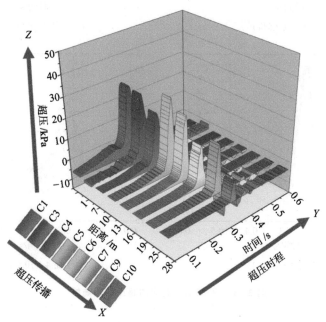

图 2-15　不同测点的超压时程曲线

2.2.1 超压时程曲线特征

由于压力传感器可以监测每个测点在爆炸过程中任意时刻的超压值,因此能够得到不同工况下各个测点的超压时程曲线,在每种工况下进行了多组重复性试验。图2-16所示为其中一次代表性试验测得的超压时程曲线,由于试验过程中传感器损坏,因此未测得 C2 和 C8 测点处的超压数据。

根据超压时程曲线可以发现,工况 1～5 下甲烷的体积分数虽然不同,但是对应的超压时程曲线具有相同的特征。在每种甲烷体积分数下,管沟模型中 8 个测点处的超压时程曲线均存在一个超压峰值。曲线主要分为 4 个阶段:升压段 -1、升压段 -2、降压段、稳定段,如图 2-17 所示。下文将升压段 -2 和降压段称为核心段。

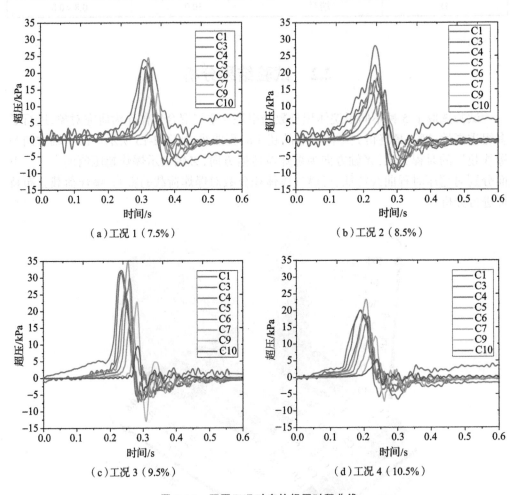

（a）工况 1（7.5%）　　　　　　　　（b）工况 2（8.5%）

（c）工况 3（9.5%）　　　　　　　　（d）工况 4（10.5%）

图 2-16　不同工况对应的超压时程曲线

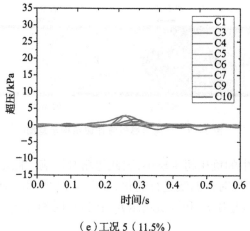

（e）工况 5（11.5%）

图 2-16　不同工况对应的超压时程曲线（续）

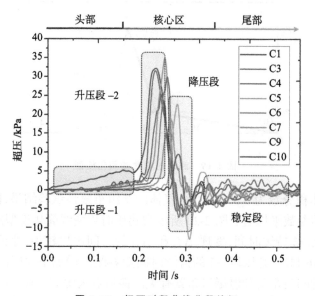

图 2-17　超压时程曲线分段特征

超压时程曲线特征主要由管内爆炸波的"双波三区"结构[89]所决定，如图 2-18 所示。管道中的爆炸波由火焰波阵面和前驱波阵面组成，前驱冲击波的波速为当地音速，火焰以亚音速传播。前驱波传播速度快，对波前的空气产生了挤压，形成压力。火焰跟随前驱波向前传播，当火焰经过时甲烷燃烧释放大量能量，能量输入大于能量消耗，压力迅速上升，因此，在前驱波和火焰波的共同作用下，超压时程曲线出现两个不同升压速度的升压段。当能量输入不足以弥补能量损失时，内部压力开始下降，随着燃料消耗殆尽，内部气流趋于稳定，压力逐渐衰减至零。

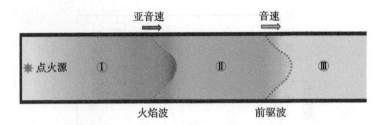

图 2-18 管沟内燃气爆炸波结构示意图

由于燃气爆炸产生的负相超压较小，因此忽略其影响。假定超压达到正相峰值以后直接降低至零，将超压时程曲线进行简化，如图 2-19 所示。简化模型主要由 5 个参数值控制：升压转折点超压 p_1 和峰值超压 p_2，转折点时刻 t_1、t_2、t_3。

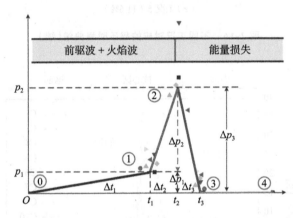

图 2-19 超压时程曲线简化模型

基于甲烷体积分数为 9.5% 的混合气体的 7 组重复性试验结果，按照简化模型选取重复性试验的参数平均值。图 2-20 所示为超压时程曲线简化模型的整体时间分布：取 0.4 s 为燃气爆炸持续时间，发现 Δt_2 和 Δt_3 的时间占比较小，即核心段时间较短，平均占比约为 16.1%。升压段 -2 的持续时间随着距离增加呈递减的趋势，但是整个核心段的持续时间与距离和泄爆口布置有关。接近点火源的区域时间占比整体较大，平均达到了 20.5%，这说明接近点火源的区域的高压持续时间长，危险系数高。而 7# 管道由于泄爆口的存在，该处附近的核心段持续时间也有所增加。

各阶段的时间和超压变化量如图 2-21 所示。随着距离的增加，第一阶段的持续时间 Δt_1 增加，即距离点火源越远，升压转折点①出现的时间越晚，因此，尾部测点的 Δt_1 最大。Δt_2 和 Δt_3 大致随着距离的增加呈减小的趋势，但是泄爆口上游的降压时间 Δt_3 受泄爆口影响有增加的趋势。超压增量 Δp_1 随着距离增加大致呈递减趋势，Δp_2 和 Δp_3 在泄爆口上下游出现了波动。

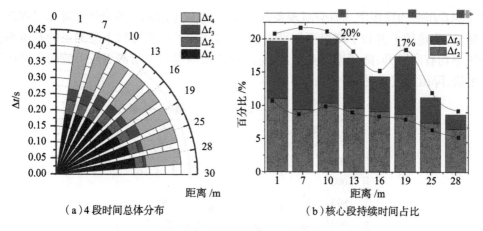

（a）4 段时间总体分布　　　　　（b）核心段持续时间占比

图 2-20　简化模型整体时间分布

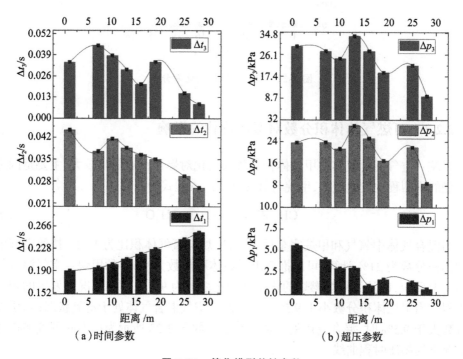

（a）时间参数　　　　　（b）超压参数

图 2-21　简化模型关键参数

为了研究泄爆口对超压变化率的影响,选用 $\Delta p_n / \Delta t_n$ 表示各阶段的超压变化率,可以得到各阶段超压变化率分布如图 2-22 所示。随着距离的增加,因为第一阶段的持续时间逐渐增加,超压逐渐减小,所以此阶段的超压变化率较其他两个阶段相对较小,最大变化率仅 29.76 kPa/s,且沿着管道传播方向逐渐减小,对应超压时程曲线的升压段 -1 越来越平缓。升压段 -2 和降压段对应的超压变化率分别为升压率和降压率,泄爆口的存在使两者呈锯齿状,升压率波动幅度较小,降压率波动明显。泄爆口上游测点的升压率和降压率均有衰减现象,这说明泄爆口上游测点的升压和降压过程均比较缓慢,曲线的上升和下降段更加平缓,持续过程较长。泄爆口下游测点的升压率和降压率均有所回升,降压率回升更加明显,这说明泄爆口下游测点较上游测点升压速度更快,降压速度也更快。

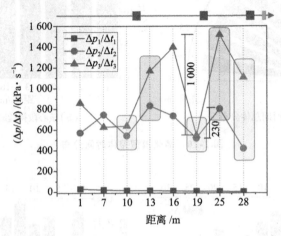

图 2-22　各阶段超压变化率分布

2.2.2　可燃气体体积分数对爆炸荷载的影响

甲烷–空气混合气体中甲烷体积分数的变化对爆炸荷载影响较大,主要是因为甲烷燃烧的剧烈程度发生变化,甲烷与氧气反应的方程式为

$$CH_4 + 2O_2 = CO_2\uparrow + 2H_2O \qquad (2\text{-}1)$$

当混合气体中氧气和甲烷完全反应时,甲烷与氧气体积比为 1:2。按照空气中氧气的体积分数为 21% 计算,可以推算出甲烷体积分数为 9.5% 的甲烷–空气混合气体能够完全反应,即认为甲烷燃烧的化学计量比浓度为 9.5%,在该工况下发生的爆炸最为剧烈。当甲烷体积分数小于 9.5% 时,甲烷–空气混合气体处于富氧状态;当甲烷体积分数大于 9.5% 时,混合气体处于贫氧状态。如图 2-23 所示为在不同测点测得的不同工况下的超压时程曲线。

通过超压时程曲线可以发现,不同工况对应的超压时程曲线的正相超压峰值以及超压增长速率都不相同。各测点处的正相超压峰值以及超压增长速率峰值如图 2-24 所示。

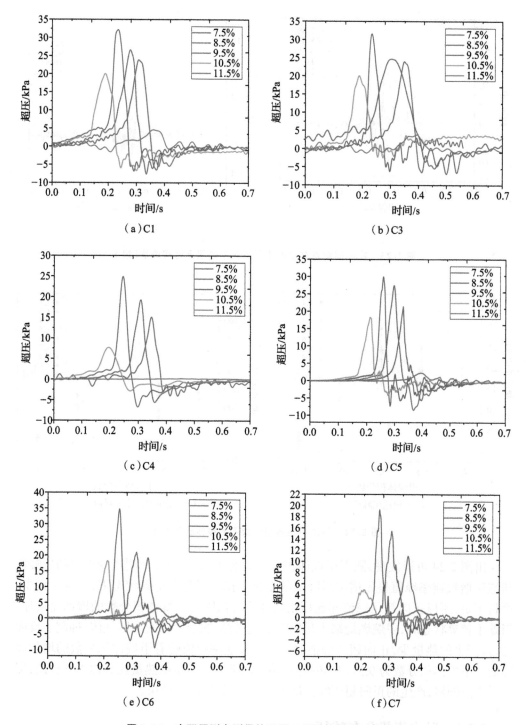

图 2-23 在不同测点测得的不同工况下的超压时程曲线

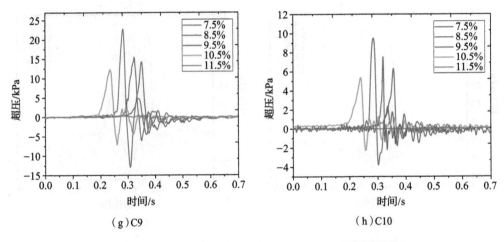

（g）C9　　　　　　　　　　（h）C10

图 2-23　在不同测点测得的不同工况下的超压时程曲线（续）

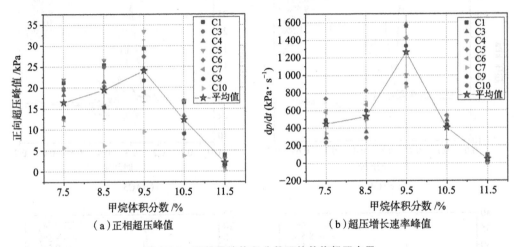

（a）正相超压峰值　　　　　　　　　　（b）超压增长速率峰值

图 2-24　不同甲烷体积分数下的整体超压水平

　　由图 2-24 可以发现,随着甲烷体积分数的增加,管道中 8 个测点的正向超压峰值和超压增长速率峰值呈先增加后降低的变化规律。因为在富氧状态下,甲烷含量少,燃料不足,所以正向超压峰值和超压增长速率峰值随着甲烷体积分数的增加而增加。当处于贫氧状态时,甲烷燃烧缺少足够的氧气支撑,剩余大量的未燃气体,抑制了反应进行,产生的热量少,正向超压峰值和超压增长速率峰值随着甲烷体积分数的增加而降低。甲烷体积分数为 9.5% 是转折点,该工况下爆炸产生的热量比其他工况更高,爆炸反应更剧烈,产生的正向超压峰值最大,超压增长速度也最快。

2.2.3　爆炸荷载分布特征

　　引燃混合气体以后,点火源周围迅速形成小火球,火球周围形成的球形燃烧波向四周传播,燃烧火焰开始蔓延开。随着点火源外层气体被引燃,火球开始扩大并且形成新的燃烧波阵面。随着火球逐步增大,火焰阵面一层一层向外蔓延[91],如图 2-25 所示。当蔓延的火焰受到管沟壁面的限制时,不能够自由扩散,从而沿着管沟方向进行传播,如图 2-26 所示。

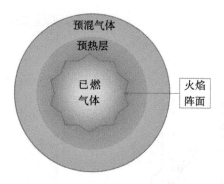

图 2-25　无约束空间燃烧模型

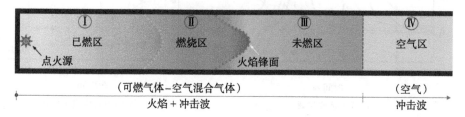

图 2-26　管状空间燃烧模型

沿着管沟的传播方向,燃烧火焰首先以厚度较小的层流火焰形式扩展,随着燃烧过程释放出大量热量,已燃气体温度升高,向外均匀膨胀并向相邻未燃混合气体传输能量,从而使它升温着火。因此,根据燃烧进程将管沟的内部空间分割为 4 个区域:已燃区、燃烧区、未燃区和空气区。火焰阵面像活塞一样不断推动前端的气体发生运动,压缩波也在持续压缩的前端气体中传播。随着后波与前波层层叠加,逐渐形成了冲击波所具备的巨大压力差[135]。因此,可以得到某一时刻管沟内的压力分布特征,如图 2-27 所示。

由图 2-27 可知,⓪～①段内是静止的燃烧产物,①～②段内是向前运动的压缩混合气体,②～③段内是静止的原始混合气体(如果半开管沟中未填满可燃混合气体,则最右端还存在空气)。①～②区域内的气流速度、爆炸压力及其他参数随着时间的推移呈递增趋势,从而导致火焰加速传播。为了验证试验的超压分布结果,根据超压时程曲线的峰值出现时间,选取不

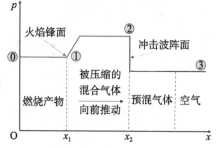

图 2-27　某一时刻管沟内的压力分布图

同时刻得到管道内部的超压分布,如图 2-28 所示。可以发现试验结果与理论分析得
到的分布结果基本吻合,随着时间推移,管道中最大超压峰值的位置向管道尾部转移,
高压区域的移动主要取决于管道内爆炸波对前方气体的压缩过程。后续研究中仅考
虑最危险的情况,即各个测点在整个爆炸过程中的超压峰值。

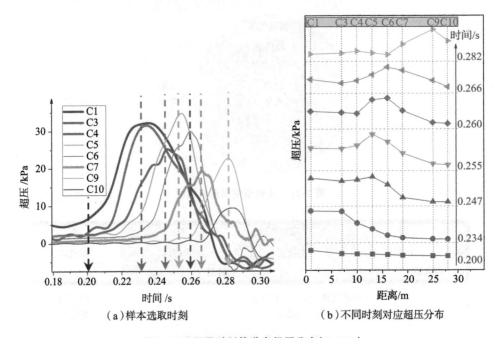

（a）样本选取时刻　　　　　　　　（b）不同时刻对应超压分布

图 2-28　不同时刻管道内超压分布(9.5%)

由于燃气爆炸试验在野外进行,受影响因素较多,因此试验结果具有一定的离散
性。为了提高试验数据的准确性,对每种工况进行多次重复性试验,取每次试验结果
的平均超压峰值。超压峰值沿管道的分布规律如图 2-29 所示。

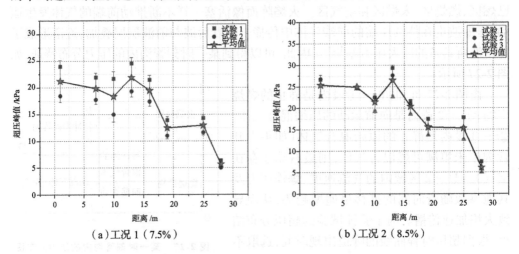

（a）工况 1（7.5%）　　　　　　　　（b）工况 2（8.5%）

图 2-29　不同甲烷体积分数下的超压峰值分布

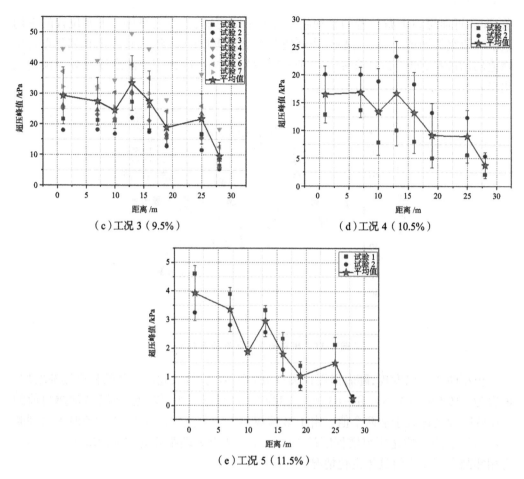

（c）工况 3（9.5%）

（d）工况 4（10.5%）

（e）工况 5（11.5%）

图 2-29　不同甲烷体积分数下的超压峰值分布（续）

　　可以发现，不同甲烷体积分数下的平均超压峰值虽然大小存在差异，但是沿着管沟轴向的分布规律类似。将 5 种工况下的平均超压峰值进行汇总，如图 2-30 所示。

　　由图 2-30 可知，随着距点火源距离的增加，平均超压峰值沿管沟轴向大体呈衰减趋势，主要是因为爆炸波在传播过程中由于热交换、摩擦损失以及压缩做功等损失了大量的能量。但是泄爆口上下游位置的平均超压峰值分布出现了明显的波动，分别出现了超压骤降、跃升现

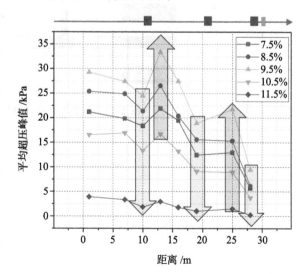

图 2-30　不同甲烷体积分数下的平均超压峰值分布

象,即靠近泄爆口上游位置的平均超压峰值下降迅速,而靠近泄爆口下游位置的平均超压峰值突然增加。为了分析超压峰值分布受泄爆口的影响,需计算出相邻测点超压峰值的增减率,如图 2-31 所示。由于 C7 处数据缺失,因此图中的虚线部分为预测变化趋势。

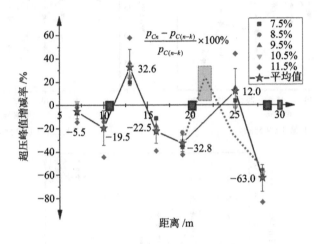

图 2-31　相邻测点超压峰值增减率

　　根据曲线可以发现,随着泄爆口离点火源距离的增加,超压骤降的程度逐渐增加,依次为 −19.5%、−32.8% 和 −63.0%。因为 C、D 泄爆口距离较近,所以 D 泄爆口前的超压骤降程度远大于前两个值。由于 B 泄爆口下游测点数据缺失,因此暂时无法判断泄爆口下游测点的超压突增程度是否随泄爆口离点火端距离的增加而减小。图 2-32 为相邻测点超压峰值具体变化情况。

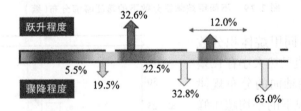

图 2-32　相邻测点超压峰值变化示意图

第3章 城市浅埋管沟燃气爆炸泄爆效应

为了进一步研究管沟顶部泄爆口的泄爆效应,本章基于管沟燃气爆炸试验结果对 FLACS 软件的参数进行标定,详细分析泄爆口的泄爆机理、管沟内爆炸火焰的传播规律以及荷载分布特征等,较系统地介绍顶部泄爆口数量、位置、尺寸以及端部开口尺寸对泄爆效应的影响。

3.1 FLACS 软件概况

3.1.1 软件简介

FLACS(FLame ACceleration Simulator)是一款先进的流体扩散、火灾和爆炸模拟软件,于 1980 年由挪威 GexCon(CMR/CMI)公司研发。它通过各种大规模现场试验以及安全事故场景模拟不断地被验证和完善,已经成为全球顶尖的计算流体动力学软件,广泛用于模拟海上和陆上流体扩散、通风及爆炸、日常生活及工业生产等社会安全领域重大灾害事故、防爆减灾措施及爆炸风险评估等。它可以模拟以下各种复杂场景下的物理现象:

①多种状态(气体、液体、固体)的易燃易爆、窒息、有毒或有放射性物质的泄漏(释放)和扩散。

②气体、粉尘、蒸汽云、薄雾、粉煤尘、瓦斯混合爆炸和蒸汽爆炸(物理爆炸)。

③喷射和液池火灾、烟和辐射。

④固态炸药爆炸及其冲击波传播(意外或恶意攻击)。

此外,FLACS 软件能够将泄漏及扩散板块的模拟结果导入气体爆炸板块,点燃真实的气云,更加准确地模拟复杂场景下气体爆炸的场景。因此,它还能够用于研究复杂的结构及通风情况下,爆炸特性随泄漏尺寸和方向、点火时间及位置的变化。

FLACS 软件中的几何形状采用分布式多孔结构表现,在相对粗糙的计算网格上利用分布孔隙率概念表示复杂的几何图形,在模拟中,孔隙率场代表了局部的拥挤和限制,使得软件中采用的亚格子模型能够表现比数值模型中的常规网格还小的现象(流动阻力、湍流生成和火焰形态等)。软件对燃烧爆炸的建模以一个火焰发展模型为基础,将湍流、火焰和几何形状相结合。该软件依赖于 k–ε 湍流模型(基于雷诺平均 Navier-Stokes(RANS)方程)并进行一些修正,在笛卡尔网格下使用有限体积法求解 Favre 平均输运方程中的质量、动量、焓、湍动能、湍动能耗散率、燃料质量分数和混合物分数。

FLACS 爆炸模块（FLACS–GasEx）可以用于模拟燃气爆炸，以三维建模的形式，研究燃气从被点燃到爆炸以及爆炸冲击波传播的整个过程，如图 3-1 所示。在后处理页面中，它可以为用户提供一维关系曲线、二维截面图片和三维动画等，分析燃气爆炸产生的压力、燃料、火焰、温度、湍流等参数，从而在更真实场景下研究燃气爆炸过程。

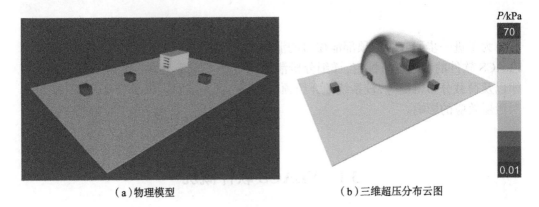

（a）物理模型　　　　　　　　　　（b）三维超压分布云图

图 3-1　大型箱体燃气爆炸计算模型

3.1.2　基本模型

1. 控制方程组

FLACS 软件通过有限体积法对可压缩守恒方程进行求解，包括理想气体的质量守恒方程、动量守恒方程、焓守恒方程和质量分数守恒方程[136]。

质量守恒方程：

$$\frac{\partial}{\partial t}\left(\beta_v \rho\right)+\frac{\partial}{\partial x_j}\left(\beta_j \rho u_j\right)=\frac{\dot{m}}{V} \tag{3-1}$$

式中：β_v 为体积孔隙率，β_j 为火焰模型中的转换系数，ρ 为空气密度，u_j 为气流平均速度（j 方向）。

动量守恒方程：

$$\frac{\partial}{\partial t}\left(\beta_v \rho u_i\right)+\frac{\partial}{\partial x_j}\left(\beta_j \rho u_i u_j\right)=-\beta_v \frac{\partial p}{\partial x_i}+\frac{\partial}{\partial x_j}\left(\beta_v \sigma_{ij}\right)+F_{o,i}+F_{\omega,i}+\beta_v\left(\rho-\rho_0\right)g_i \tag{3-2}$$

式中：$F_{\omega,i}$ 是由壁面引起的流动阻力，$F_{o,i}$ 为由子网格障碍物引起的流动阻力，σ_{ij} 为应力张量，u_i 为气流平均速度（i 方向）。

能量守恒方程：

$$\frac{\partial}{\partial t}\left(\beta_v \rho h\right)+\frac{\partial}{\partial x_j}\left(\beta_j \rho u_j h\right)=\frac{\partial}{\partial x_j}\left(\beta_j \frac{\mu_{\mathrm{eff}}}{\sigma_h}\frac{\partial h}{\partial x_j}\right)+\beta_v \frac{Dp}{Dt}+\frac{\dot{Q}}{V} \tag{3-3}$$

式中：D 为燃料扩散系数，定义为

$$D = \frac{\mu_{\text{eff}}}{\sigma_{\text{fuel}}} \qquad (3\text{-}4)$$

式中：μ_{eff} 为有效黏度，σ_h、σ_{fuel} 为 Prandtl 值。

有效黏度公式为

$$\mu_{\text{eff}} = \mu + \rho C_\mu \frac{k^2}{\varepsilon} \qquad (3\text{-}5)$$

2. 湍流模型

湍流采用双方程模型（k–ε 湍流模型）求解两个附加的输运方程，一个用于湍动能，一个用于湍动能的耗散。

方程一：湍动能 k 的输运方程

$$\frac{\partial(\rho k)}{\partial t} + \frac{\partial(\rho k u_i)}{\partial x_i} = \frac{\partial}{\partial x_j}\left[\left(\mu + \frac{\mu_t}{\sigma_k}\right)\frac{\partial k}{\partial x_j}\right] + G_k + G_b - \rho\varepsilon - Y_M + S_k \qquad (3\text{-}6)$$

方程二：耗散率 ε 的输运方程

$$\frac{\partial(\rho\varepsilon)}{\partial t} + \frac{\partial(\rho\varepsilon u_i)}{\partial x_i} = \frac{\partial}{\partial x_j}\left[\left(\mu + \frac{\mu_t}{\sigma_\varepsilon}\right)\frac{\partial\varepsilon}{\partial x_j}\right] + G_{1\varepsilon}\frac{\varepsilon}{k}(G_k + G_{3\varepsilon}G_b) - C_{2\varepsilon}\rho\frac{\varepsilon^2}{k} + S_\varepsilon \qquad (3\text{-}7)$$

式中：μ_t 为湍流黏度，G_k、G_b 分别是由平均速度梯度和浮力引起的湍动能 k 的产生项，Y_M 为湍流扩张贡献项，σ_k、σ_ε 分别为 k 和 ε 对应的 Prandtl 值，S_k、S_ε 为自定义源项，$C_{1\varepsilon}$、$C_{2\varepsilon}$、$C_{3\varepsilon}$ 为经验常数[97]。

3. 燃烧模型

火焰模型定义了燃烧的标准和整个数值火焰区反应速率的空间分布。如下基于燃料燃烧速度的质量分数方程，定义了火焰的扩散系数 D 和反应速度 R_F。

$$\frac{\partial}{\partial t}(\beta_v\rho Y_{\text{fuel}}) + \frac{\partial}{\partial x_j}(\beta_j\rho u_j Y_{\text{fuel}}) = \frac{\partial}{\partial x_j}\left(\beta_j\rho D\frac{\partial Y_{\text{fuel}}}{\partial x_j}\right) + R_F \qquad (3\text{-}8)$$

$$R_F = C_{\beta R_F}\frac{S}{\Delta}\rho\min[c, 9(1-c)], \quad c = 1 - \frac{Y_F}{Y_{F0}} \qquad (3\text{-}9)$$

式中：$C_{\beta R_F}$ 为模型常数，S 为燃烧速度，Δ 为网格分辨率常数，c 为进度常数，Y_F 为燃料的质量分数，Y_{F0} 为特定控制容积中燃料的质量分数。

通过对燃烧速度的特征值分析，可以得到扩散系数 D 与无量纲反应速度 W 之间的关系为

$$WD = 1.37 S_u^2 = W^* D^* \qquad (3\text{-}10)$$

式中：W^* 和 D^* 取决于网格尺寸和燃烧反应速度，可表示为

$$W^* = c_{1\beta}\frac{S_u}{\Delta_g} \qquad (3\text{-}11)$$

$$D^* = c_{2\beta} S_u \Delta_g \qquad (3\text{-}12)$$

在 FLACS 软件中,燃烧反应速度可根据下式进行模拟。

$$R_{\text{fuel}} = -W^* \rho \min[\delta_H(\chi - \chi_q), \chi, 9 - 9\chi] \qquad (3\text{-}13)$$

式中：δ_H 为阶梯函数,χ_q 是进度变量 χ 的极限值。

除了上述理论公式外,FLACS 模拟燃气爆炸过程的理论模型还包括火焰模型、层流和湍流燃烧理论等,详细内容参照使用手册[96],这里不详细列举。

3.2 数值模拟验证

3.2.1 物理模型

为了能够还原试验场景,按照试验系统 1∶1 的比例建立物理模型,方形管道长 30 m,截面尺寸为 0.8 m × 0.8 m,壁厚 3 cm,管沟模型结构不被破坏。管道一端封闭,另外一端为开敞状态,顶部设有三个泄爆口,如图 3-2 所示。

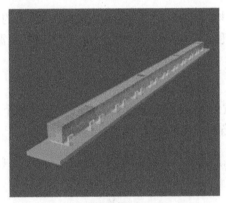

（a）封闭端视角

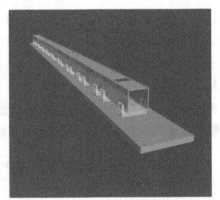

（b）开口端视角

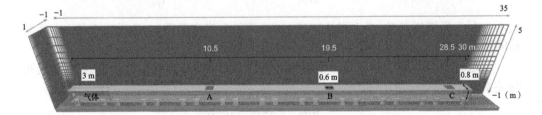

（c）全局视角及计算域

图 3-2 试验验证物理模型

物理模型的详细信息如下。

泄爆口：顶部泄爆口 A、B、C 尺寸均为 0.6 m×0.6 m，泄爆口的几何中心均位于顶部纵向的中心线上，距封闭端的距离分别为 10.5 m、19.5 m、28.5 m，端部泄爆口 D 的尺寸为 0.8 m×0.8 m。

超压测点：在管道侧面中线上设置了 10 个超压测点，第一个测点距封闭端的水平距离为 1.1 m，其余相邻测点之间的水平间距均为 3 m。

点火位置：管道封闭端的截面几何中心。

大气环境：大气压强 100 000 Pa。

边界条件：除了 Z 轴负向为 "PLANE WAVE"，其余方向均为 "EULER" 边界。

计算域：长 35 m × 宽 2 m × 高 4 m。

3.2.2　网格敏感性分析

在进行网格尺寸选择之前需要进行网格敏感性分析，甲烷–空气混合气体中甲烷的体积分数取化学计量比浓度 9.5%。FLACS 软件进行网格选择主要根据几何体尺寸以及开口大小，一般保证泄爆口内部包含 6～8 个网格单元，而且最小网格尺寸一般为 2 cm。由于管道的端部和顶部泄爆口尺寸分别为 0.8 m×0.8 m 和 0.6 m×0.6 m，因此选取 4 种网格尺寸进行分析，如表 3-1 所列。

表 3-1　网格尺寸及编号

网格编号	G1	G2	G3	G4
网格尺寸 /m	0.10	0.05	0.025	0.02

选取 4 种尺寸进行网格划分后，得到对应的超压时程曲线如图 3-3 所示。

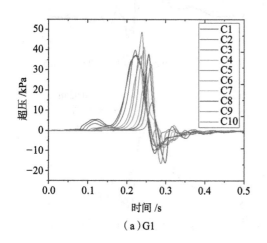

（a）G1

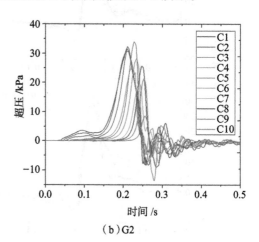

（b）G2

图 3-3　不同网格尺寸对应的超压时程曲线

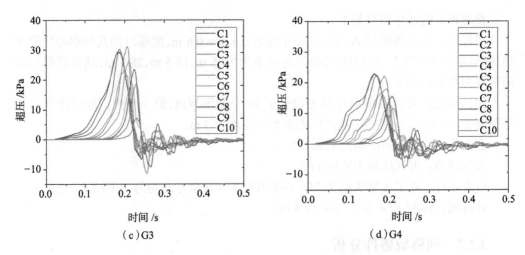

（c）G3　　　　　　　　　　　（d）G4

图 3-3　不同网格尺寸对应的超压时程曲线（续）

　　超压时程曲线整体变化趋势与试验结果大致相同，但是超压峰值以及升降压速率存在差距。分别选取 C1 和 C5 测点的超压时程曲线与试验数据进行比较。由于工况 3 的试验 7 的结果与平均结果大致吻合，因此选取该试验结果作为参照。图 3-4 和图 3-5 所示分别为超压时程曲线和超压峰值的对比结果。

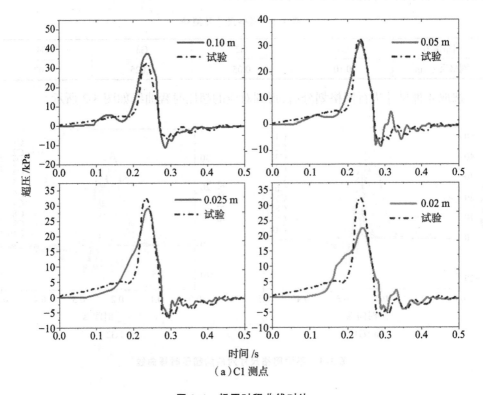

（a）C1 测点

图 3-4　超压时程曲线对比

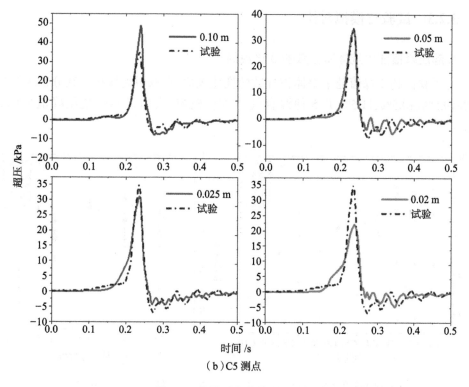

（b）C5 测点

图 3-4　超压时程曲线对比（续）

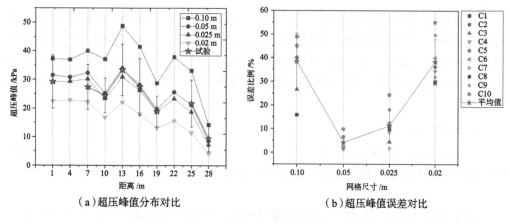

（a）超压峰值分布对比　　　　　（b）超压峰值误差对比

图 3-5　超压峰值对比

通过对比发现，4 种网格对应的超压峰值分布规律与试验结果基本一致，但是 G3 对应的超压时程曲线与试验结果最吻合，而且超压峰值大小与试验值最接近，误差比例仅为 4%。综合考虑超压时程曲线的吻合程度、峰值分布规律以及峰值误差大小，选取 0.05 m 作为模拟计算的网格尺寸。

3.2.3　试验与模拟对比

1. 超压峰值随甲烷体积分数的变化规律

为了验证超压峰值随甲烷体积分数的变化规律,选取甲烷体积分数分别为 7.5%、8.5%、9.5%、10.5%、11.5% 共 5 种混合气体进行模拟,模拟得到的超压峰值如图 3-6 所示。

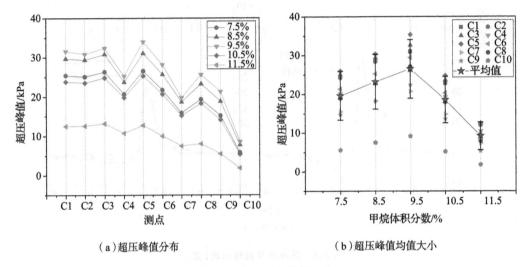

（a）超压峰值分布　　　　　　　　（b）超压峰值均值大小

图 3-6　超压峰值模拟结果

可以看到,在甲烷体积分数不同的情况下,超压峰值分布规律与试验结果类似,沿着管道轴向大致呈衰减趋势,在泄爆口上下游存在波动状。超压峰值均值与甲烷体积分数的关系也与试验结果一致,当甲烷体积分数小于 9.5% 时,随着甲烷体积分数的增加,超压峰值逐渐增大;当甲烷体积分数大于 9.5% 时,超压峰值随甲烷体积分数的增大而减小。

2. 火焰对比

通过高速摄影发现,试验过程中仅 A 泄爆口有火焰喷射,其余开口处均未出现火焰。爆炸过程中火焰传播过程对比如图 3-7 所示,泄爆口喷射火焰形状的对比如图 3-8 所示。

在上述模拟结果中,红色部分为爆炸火焰,火焰阵面前端的绿色部分为未燃气体。模拟的火焰传播过程与试验结果基本吻合,火焰从泄爆口 A 喷射后迅速退回,未继续向前传播。由于数值模拟中燃料的点燃过程较缓慢,因此火焰抵达第一个观察窗的时间相比试验结果更久。根据泄爆口的位置分析,试验中火焰传播的最远距离在 12 ~ 15 m,模拟结果为 13 m,与试验结果相吻合。而且,模拟中的泄爆口喷射火焰形状与试验结果基本吻合,火焰主要沿斜向上方向从泄爆口喷射。

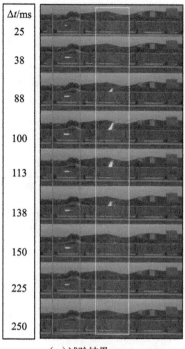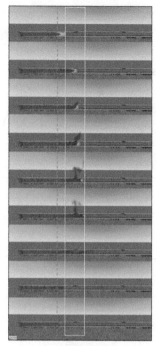

$\Delta t/ms$
25
38
88
100
113
138
150
225
250

（a）试验结果　　　　　　　　　　　　（b）模拟结果

图 3-7　火焰传播过程对比

（a）试验结果　　　　　　　　　　　　（b）模拟结果

图 3-8　泄爆口喷射火焰形状的对比

3. 爆炸荷载对比

考虑到最危险的情况,基于甲烷体积分数为 9.5% 条件下的试验 7 的结果,得到管道内爆炸荷载的模拟结果与试验结果的对比。图 3-9 为超压、冲量峰值分布以及超压峰值时刻对比,图 3-10 为超压时程曲线三阶段的超压变化率对比。

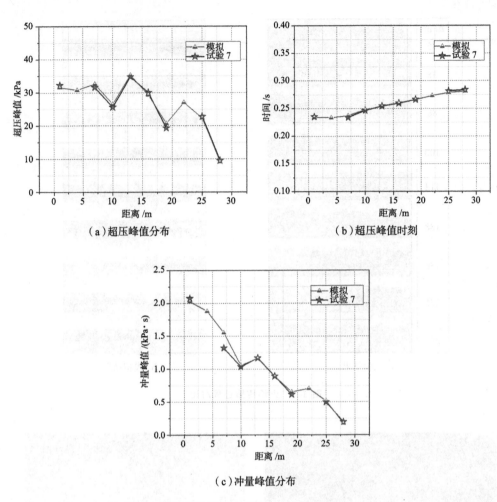

（a）超压峰值分布

（b）超压峰值时刻

（c）冲量峰值分布

图 3-9　管道不同位置的荷载分布及超压峰值时刻对比

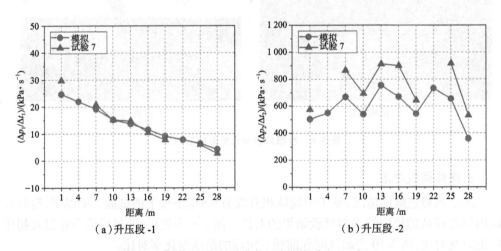

（a）升压段 -1

（b）升压段 -2

图 3-10　各阶段超压变化率对比

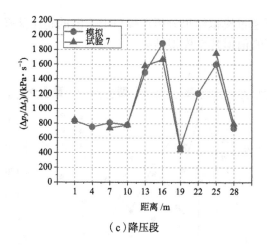

（c）降压段

图 3-10　各阶段超压变化率对比（续）

通过对比模拟结果与试验结果可以发现，超压峰值和冲量峰值沿管道的分布规律与试验结果基本吻合，而且超压峰值出现时间也保持一致。三个阶段的超压变化率模拟值与试验值也基本一致，但是升压段 −2 的超压峰值增长率的模拟值略小于试验值，这说明模拟的爆炸剧烈程度相比实际偏小，超压增长较慢。

总体而言，数值模拟能够很好地反映试验现象及结果，通过数值模拟能够对管道爆炸做进一步研究。

3.2.4　泄爆口泄爆作用分析

1. 泄爆口上下游超压的变化

通过前期试验结果发现，泄爆口上下游分别存在超压骤降和超压跃升现象。由于试验仅测得超压峰值结果，无法分析其内在机理，因此通过软件计算出管沟中其他参数的峰值分布。图 3-11 所示为超压峰值、气流速度峰值以及密度峰值分布。

由图 3-11 可知，泄爆口上下游的超压峰值的变化规律与气流速度峰值的变化规律相反，与密度峰值的变化规律一致，因此，泄爆口上下游的超压变化与流场的分布特点有关。图 3-12 所示为泄压时刻管沟中的空气流场、密度以及超压云图分布。

由图 3-12 可知，由于泄爆口的存在，管道内部压力能够得到释放，管道内部气体与外部大气之间存在明显的压力差，同时在爆炸波的推动作用下，上游气流的流动速度明显加快。上游气流直接通过泄爆口斜向上释放，而下游气流速度相对较小，因此，泄爆口上下游区域的流场形成速度差，从而导致上游气体密度偏小，而下游气体密度因受挤压作用而增大。因此，泄爆口上下游区域出现了超压骤降与超压跃升现象。

2. 泄爆口位置对超压的影响

随着泄爆口距点火源距离的增加，超压变化程度也存在差异。前期由于试验限制，两个测点处的数据缺失，因此无法判断泄爆口下游的超压骤增程度随泄爆口距点火源距离的变化情况。现通过模拟结果分析泄爆口上下游的超压陡降与骤增程度,图 3-13 所示为相邻测点超压峰值增减率模拟结果。

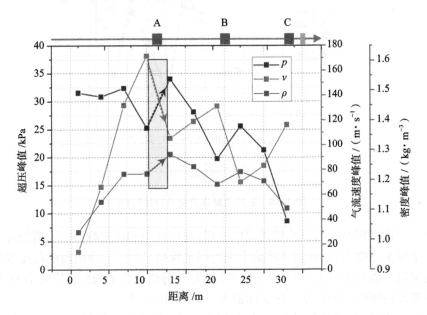

图 3-11　特征参数分布

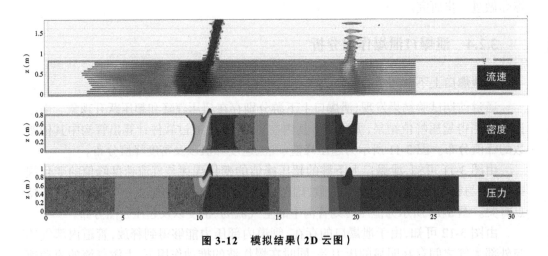

图 3-12　模拟结果(2D 云图)

由图 3-13 可知,随着泄爆口离点火源距离的增加,泄爆口上游超压骤降程度逐渐增大、下游的超压跃升程度逐渐减小。主要原因是随着泄爆口离点火源距离的增加,能量损失逐渐增大,而随着燃料消耗,为爆炸提供的能量也逐渐减小,气流速度减慢。

3. 有无泄爆口对爆炸荷载的影响

通过试验已经研究了顶部设置泄爆口的管沟爆炸场景,但是生活中的管沟往往在一定距离内没有设置顶部开口。为了研究顶部泄爆口对管沟爆炸荷载的影响,保持其他条件一致,将管沟顶部的 3 个泄爆口封闭以后进行数值模拟。图 3-14 所示为两种管沟结构对应的超压峰值和冲量峰值对比。

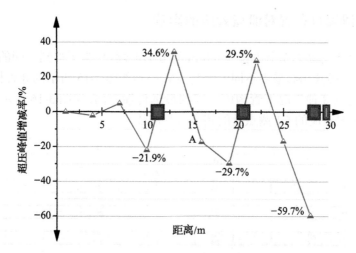

图 3-13   相邻测点超压峰值增减率模拟结果

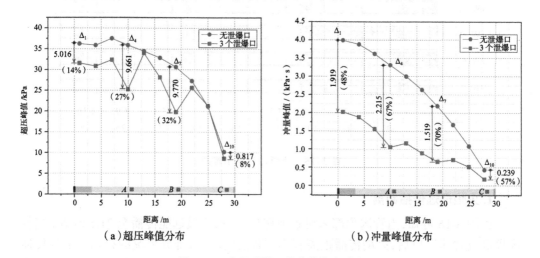

（a）超压峰值分布　　　　　　　　　（b）冲量峰值分布

图 3-14   有无泄爆口的荷载分布对比

通过模拟结果发现,相比没有设置顶部泄爆口的管沟,设置泄爆口能够在一定程度上减小内部爆炸荷载。泄爆口对爆炸超压的泄压作用有限,主要降低了泄爆口上游区域的爆炸超压,泄爆口下游超压峰值会跃升至无泄爆口管沟的超压水平,但是设置泄爆口能够显著降低管沟内部的整体冲量水平。在 1、4、7 和 10 测点,超压峰值的衰减率分别为 14%、27%、32% 和 8%,冲量峰值的衰减率分别为 48%、67%、70% 和 57%。总体而言,3 个顶部泄爆口将管沟内的冲量峰值衰减了 50% 以上。

3.3 泄爆效应的影响因素分析

3.3.1 泄爆口布置对泄爆效应的影响

在管沟顶部设置了 3 个边长为 0.6 m 的方形泄爆口,为了得到不同的泄爆口布置方式对泄爆效应的影响,采用不同的组合方式得到如图 3-15 所示的 8 种模拟工况,通过数值模拟得到 8 种工况下管沟内火焰的最远传播距离,如图 3-16 所示。如图 3-17 所示为每种工况对应的 C1 测点处的超压时程曲线。

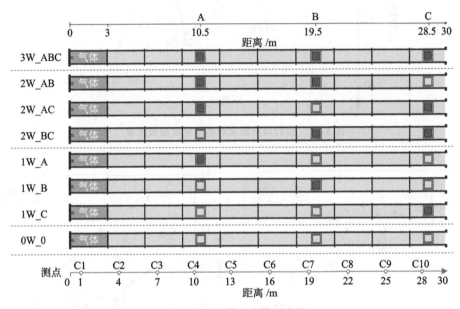

图 3-15 泄爆口布置示意图

1. 火焰最远传播距离

由图 3-16 可知,当管沟顶部未设置泄爆口时,火焰最远能传播至 21.5 m 处;当管沟顶部设置泄爆口后,火焰传播距离有不同程度的减小,部分工况的火焰最远仅传播了 13.6 m。这说明泄爆口在一定程度上阻碍了火焰的传播过程,降低了火焰在管沟内的最远传播距离,但是具体影响程度与泄爆口的布置方式和泄爆口数量相关,对比情况如图 3-18 所示。

当管沟顶部仅设置一个泄爆口时,A 泄爆口的阻断效果最明显,火焰最远传播距离仅 13.6 m,B 泄爆口次之,C 泄爆口的阻碍作用最小,最远传播距离和未设置泄爆口的情况基本相同。这主要是由于燃料体积已固定,当管沟顶部未设置泄爆口时,最远仅能支撑火焰传播至 21.5 m,爆炸火焰并未抵达 C 泄爆口,因此 C 泄爆口对火焰传播距离的阻断作用基本可以忽略。通过对比发现,工况 0W_0 和 1W_C、工况 1W_A 和 2W_AC、工况 1W_B 和 2W_BC、工况 2W_AB 和 3W_ABC 对应的火焰最远传播距离基本相同。

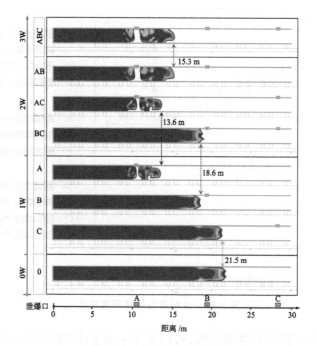

图 3-16　火焰最远传播距离

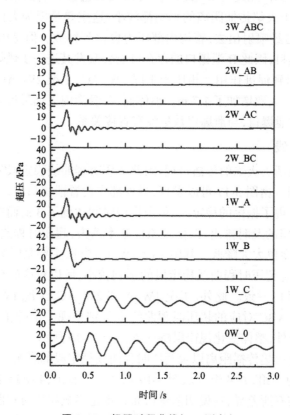

图 3-17　超压时程曲线(C1 测点)

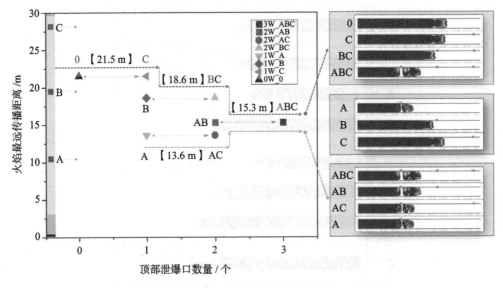

图 3-18　火焰最远传播距离对比

当管沟顶部设置多个泄爆口时,可以根据对火焰传播的阻碍程度进行排序为: 2W_AC>2W_AB =3W_ABC>2W_BC。在 A 泄爆口已经开启的情况下,无论 B、C 泄爆口如何布置,对于火焰传播距离的影响都较小,这主要是因为大部分火焰和燃料在通过 A 泄爆口时已经喷射出去,管沟内部压力也得到释放。但是由于 A 泄爆口下游仍存在少量残余燃料,因此 B 泄爆口的存在可能会激发其进一步燃烧,同时产生湍流,进而对火焰传播起到促进作用。相比于工况 2W_AC,工况 2W_AB 的火焰最远传播距离有小幅度提升,大致增加了 1.7 m。整体而言,管沟内火焰最远传播距离主要取决于离点火源最近的泄爆口,与泄爆口数量没有直接关系。

2. 超压时程曲线

由于泄爆口阻断了火焰的传播过程,因此超压时程曲线稳定段的波动和持续时间也受到泄爆口影响。由图 3-17 可以发现,当顶部未设置泄爆口时,即工况 0W_0 对应的超压时程曲线出现了振荡的稳定段,整个作用时间达到了 3 s,而在设置顶部泄爆口以后,随着爆炸火焰的及时排出,振荡现象也基本消失,超压时程曲线大致在 1.0 s 内恢复稳定,波动幅度也大大降低。其中工况 1W_C 例外,主要是因为单一的 C 泄爆口的泄爆作用微弱,对超压时程曲线稳定段的影响较小,所以对应的超压时程曲线与工况 0W_0 的基本保持一致。此外,工况 1W_A 和 2W_AC、工况 1W_B 和 2W_BC、工况 2W_AB 和 3W_ABC 对应的超压时程曲线也分别呈现一定的相似性,除了波动幅度存在一定的差异外,整体变化规律保持一致,如图 3-19 所示。

基于泄爆口对火焰传播距离以及超压时程曲线稳定段的影响,将 8 种工况中相对应的两种工况分为一组,共 4 组。从图 3-19 (a)可以看出,4 组超压时程曲线的稳定段的频率和幅度均有所差异,这说明泄爆口布置也是影响超压时程曲线稳定段的一个重要因素。由于超压时程曲线稳定段的波动主要是由燃烧火焰的振荡造成的,第一个

超压峰值仍然是最危险的峰值点,因此本小节接下来不会详述泄爆口对超压时程曲线
稳定段的影响,主要的研究对象为第一个正压段。图 3-19(b)所示为 4 种超压时程
曲线的对比结果,从图中可以看出,4 种曲线的升压段彼此基本重合,升压速度相同,但
是随着泄爆口布置位置的改变,超压下降时刻出现了偏差,降压段随着泄爆口布置的
改变依次偏离,从而影响了第一个正压段的超压和冲量水平。

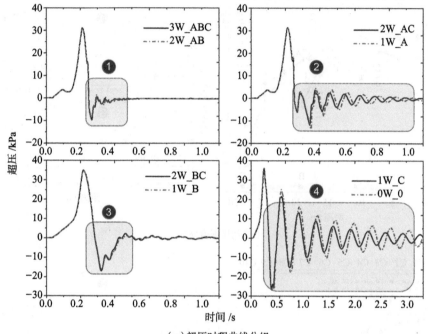

(a)超压时程曲线分组

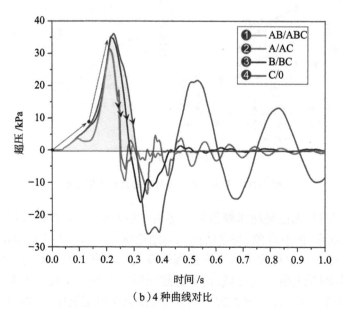

(b)4 种曲线对比

图 3-19　超压时程曲线对比(C1 测点)

3. 超压峰值及冲量峰值

由于超压时程曲线的第一个正压段代表了最危险的情况,因此当分析超压峰值和冲量峰值时仅考虑第一个波峰,图3-20为不同组合工况对应的超压峰值分布和冲量峰值分布。

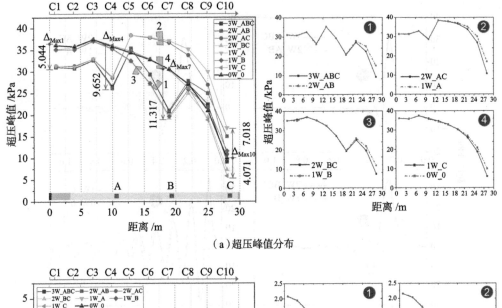

(a)超压峰值分布

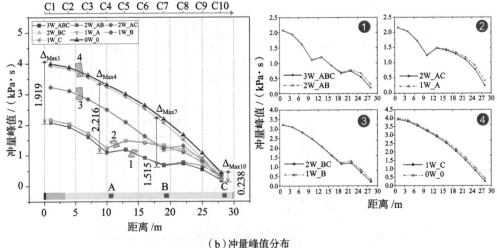

(b)冲量峰值分布

图3-20 不同组合工况对应的荷载峰值分布

计算结果表明,无论是超压峰值分布还是冲量峰值分布,在泄爆口上下游均出现了不同程度的骤降、跃升现象,与之前得到的结论保持一致。与工况0W_0对比发现,设置泄爆口能够在一定程度上减小内部爆炸荷载。泄爆口对爆炸超压的泄压作用有限,主要作用范围是上游一定区域,而下游超压峰值会跃升至接近无泄爆口管沟的超压水平,有时甚至会更大,如图3-20(a)所示,在第2组工况中,泄爆口下游的超压峰值明显高于无泄爆水平。

而泄爆口对爆炸冲量的影响则非常明显,如图 3-20(b)所示,在设置泄爆口以后,管沟内的冲量水平整体上呈衰减趋势,在距离点火源较近的区域以及泄爆口上游区域则更加明显,C1 测点处的最大冲量衰减量达到了 1.919 kPa·s,A 泄爆口上游测点的最大冲量衰减量甚至达到了 2.216 kPa·s,而端部开口处的最大冲量衰减量仅为 0.238 kPa·s。泄爆口下游的冲量也出现了跃升现象,但是相对于冲量的衰减量而言,跃升量远不足以使内部冲量回升到未设置泄爆口的水平。为了分析不同泄爆口布置方式对爆炸荷载的影响程度,以工况 0W_0 的超压峰值和冲量峰值为基准,计算得到不同泄爆口布置方式对应的荷载峰值衰减率。图 3-21 为超压峰值和冲量峰值的衰减率分布。

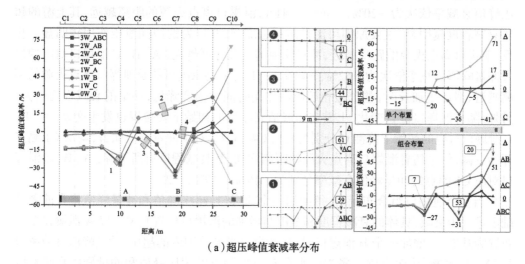

(a)超压峰值衰减率分布

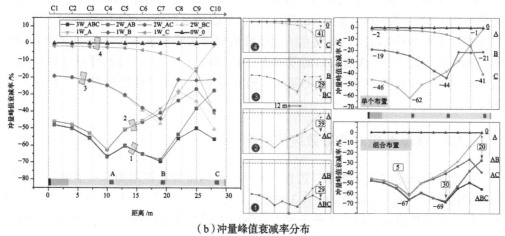

(b)冲量峰值衰减率分布

图 3-21　荷载峰值衰减率分布

根据荷载峰值衰减分布的汇总图可以发现,泄爆口下游区域的超压跃升现象明显,导致部分工况的超压峰值衰减率为正,而冲量峰值衰减率则均为负值。首先分析

C 泄爆口对超压峰值衰减率的影响,按照分组分别进行对比,可以发现 C 泄爆口能够明显降低上游约 9 m 内的超压水平,对冲量的影响范围为 12 m。而且越靠近 C 泄爆口,影响程度越明显。在 C10 测点处增加了 C 泄爆口以后,1～4 组的超压峰值衰减率分别降低了 59%、61%、44%、41%,冲量峰值衰减率分别降低了 29%、39%、29%、41%。C10 测点处冲量峰值的受影响程度略小于超压峰值,C10 测点处的冲量峰值比超压峰值更加集中。

接下来分析泄爆口单个布置以及组合布置对荷载峰值衰减率的影响。当采用泄爆口单个布置时,荷载峰值的衰减率大致呈"V"形分布,泄爆口附近位置的超压、冲量峰值衰减率最大,其最大衰减程度与泄爆口位置有关。A、B、C 泄爆口对应的最大超压峰值衰减率依次为 −20%、−36%、−41%,泄爆口离点火源的距离越远,其上游的超压衰减程度越明显,主要原因可能是越接近端部,开口处的协同泄压作用越明显。相反,泄爆口离点火源的距离越近,冲量峰值的衰减程度越大,A、B、C 泄爆口对应的最大冲量峰值衰减率依次为 −62%、−44%、−41%,主要原因可能是泄爆口离点火源的距离越近,泄压更加及时,整个正相超压的作用时间大幅度降低,冲量的衰减程度越大。另外,随着泄爆口位置变化,上游超压峰值衰减率的初始下降位置也发生变动,A、B、C 泄爆口对应的初始下降测点分别为 C1、C4、C7。对于冲量峰值而言,均从 C1 测点开始衰减,但是随着泄爆口离点火源的距离增加,其衰减程度有所下降,A、B、C 泄爆口对应 C1 测点的冲量峰值衰减率分别为 −46%、−19%、−2%。

当多个泄爆口组合布置时,每增加一个泄爆口,超压峰值和冲量峰值将在前者基础上进一步衰减,具体的衰减程度和范围与增加的泄爆口位置有关。以 A 泄爆口单个布置为基准,当增加一个 B 泄爆口时,B 泄爆口影响范围内的超压、冲量峰值衰减率也呈"V"形衰减,从而形成了多"V"形分布,C7 测点的超压峰值和冲量峰值衰减程度分别增加了 53% 和 30%,随着下游超压回升,下游的衰减率逐渐向 1W_A 工况靠拢。当增加一个 C 泄爆口时,C10 测点的超压峰值和冲量峰值衰减程度分别增加了 61% 和 39%。在已设有 A、B 泄爆口的基础上,当增加一个 C 泄爆口时,靠近开口区域的荷载峰值进一步衰减,C10 测点的超压峰值和冲量峰值衰减程度分别增加了 59% 和 29%。

3.3.2 泄爆面积对泄爆效应的影响

试验管沟顶部的 3 个泄爆口边长均为 0.6 m,为了分析泄爆面积对泄爆效应的影响,分别选用 0.6 m、0.4 m、0.2 m 共 3 种泄爆口边长进行模拟,图 3-22 所示为模拟工况示意图。通过数值模拟得到 3 种工况下管沟内火焰的最远传播距离,如图 3-23 所示。图 3-24 为每种工况对应的 C1 测点处的超压时程曲线。

由图 3-23 可知,随着顶部泄爆口面积的减小,火焰最远传播距离逐渐增大,0.6 m、0.4 m、0.2 m 工况对应的火焰最远传播距离依次为 15.3 m、17.6 m 和 20.4 m,这说明大面积的泄爆口对于火焰传播的阻断作用更佳,能够及时释放管沟内的爆炸火焰和压力,因此,超压时程曲线的降压段也出现得更早,正相超压的作用时间更短,如图 3-24 所示。为了进一步分析不同泄爆面积的泄爆效应,以无顶部泄爆口的工况 0W_0 m 的超压峰值和冲量峰值为基准,计算得到不同工况下每个测点的超压峰值、冲量峰值和超压峰值衰减率、冲量峰值衰减率。图 3-25、图 3-26 分别为超压峰值分布和超压峰值衰减率分布。

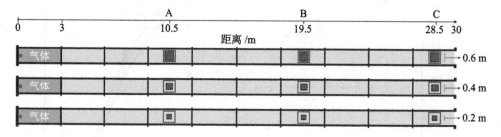

图 3-22　泄爆口面积模拟工况示意图

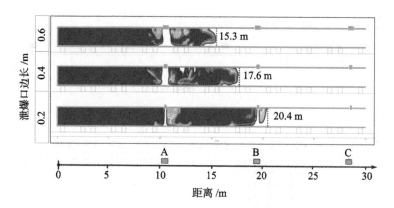

图 3-23　火焰最远传播距离

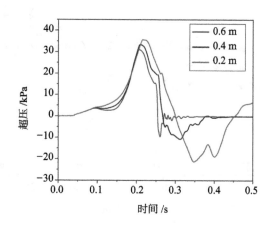

图 3-24　超压时程曲线(C1 测点)

65

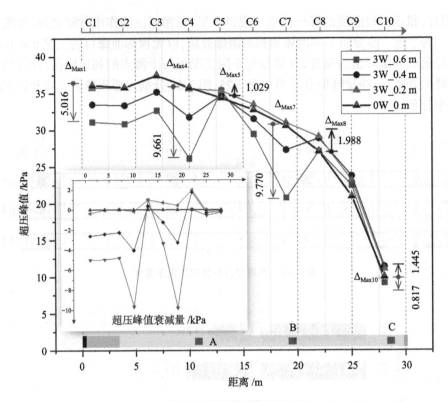

图 3-25 超压峰值分布

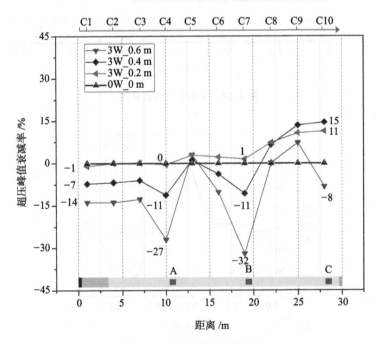

图 3-26 超压峰值衰减率分布

通过图 3-25 可以发现,泄爆口面积变化并未改变超压峰值的分布形状,超压峰值仍然呈多"V"状分布,距离泄爆口越近其泄爆效应越明显。其中,由于工况 3W_0.2 m 的泄爆口面积最小,其泄爆效应最微弱,因此泄爆口上下游的超压峰值波动不明显,A 泄爆口上游的超压峰值分布与工况 0W_0 m 的基本重合,而 A 泄爆口下游的超压峰值却分布于工况 0W_0 m 上方,对应的超压峰值衰减率为正,C10 测点的超压峰值衰减率甚至达到了 15%,主要原因可能是泄爆口引起的湍流加速了燃烧,下游的增压作用占据了主导地位。

随着泄爆口面积增大,每个泄爆口上游测点的超压峰值衰减程度逐渐增大,C1 处的超压峰值衰减率分别为 −1%、−7% 和 −14%。其中工况 3W_0.6m 对应的超压峰值衰减程度最大,C1、C4、C7 和 C10 测点对应的超压峰值衰减率分别为 −14%、−27%、−32% 和 −8%。虽然泄爆口上游的超压水平随着泄爆口面积的增大而降低,但是其下游测点的超压峰值却相差较小,最大差值在 1 ~ 2kPa 范围内,与前文得到的结论一致,泄爆口主要降低其上游的超压峰值,对其下游超压峰值的影响较小。

同时,采集冲量峰值并计算得到冲量峰值衰减率的分布,如图 3-27 和图 3-28 所示。对于冲量而言,虽然泄爆口上下游的冲量峰值也存在波动,但是波动幅度较小,3 种工况的冲量峰值大致呈递减分布,从 C1 测点开始衰减,泄爆口 A 处的最大衰减量为 2.215 kPa·s,靠近开口端的衰减量较小,C10 测点处的最大冲量衰减量仅 0.239 kPa·s,整

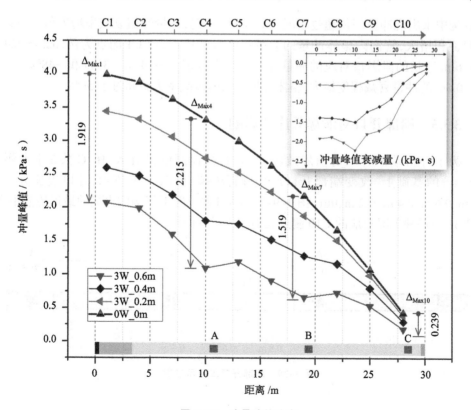

图 3-27　冲量峰值分布

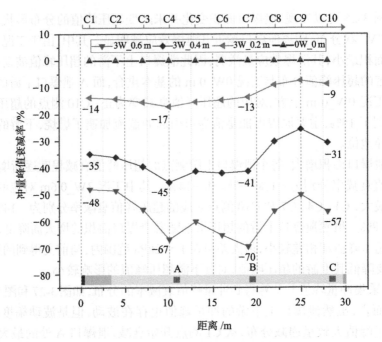

图 3-28　冲量峰值衰减率分布

个管沟中未出现冲量峰值超过工况 0W_0m 的情况,冲量峰值衰减率均为负。随着泄爆口面积增大,管沟内整体冲量的衰减程度逐渐增加,以 C1 测点为例,0.2 m、0.4 m 和 0.6 m 边长的泄爆口对应的冲量峰值衰减率分别为 −14%、−35% 和 −48%。工况 3W_0.6m 的冲量衰减程度最大,整体冲量峰值的衰减率大致超过了 50%。

3.3.3　端部开口对泄爆效应的影响

为了分析端部开口对泄爆效应的影响,在顶部设置有 A、B、C 共 3 个泄爆口 (0.6 m) 的基础上,改变端部开口尺寸进行模拟,如图 3-29 所示,开口边长分别为 0.8 m、0.6 m、0.4 m、0.2 m、0m。图 3-30 所示为 5 种工况下管沟内火焰的最远传播距离,图 3-31 为每种工况对应的 C10 测点处的超压时程曲线。

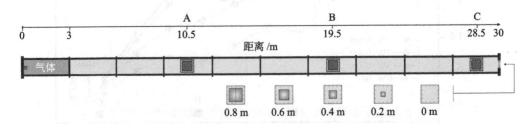

图 3-29　端部开口工况示意图

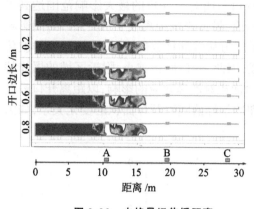

图 3-30　火焰最远传播距离

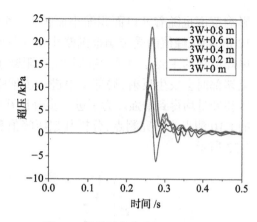

图 3-31 超压时程曲线（C10 测点）

通过图 3-30 可以发现，端部开口面积对火焰传播距离的影响较小，5 种工况的火焰最远传播距离均为 15.3 m，主要原因是管沟内燃料体积固定，能够提供的能量有限，火焰在经过 A 泄爆口后无法抵达开口处，端部开口引起的气流变化也不足以改变该范围内的火焰传播过程。但是它对开口附近的超压和冲量影响较大，从 C10 测点的超压时程曲线（见图 3-31）可以看出，端部开口面积越大，超压峰值和作用时间越小。图 3-32 所示为不同开口面积对应的超压峰值和冲量峰值分布。

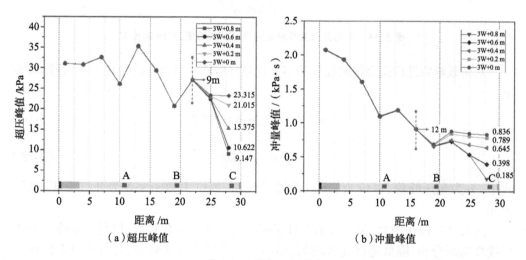

（a）超压峰值　　　　　　　　　　　（b）冲量峰值

图 3-32　荷载峰值分布

由图 3-32 可知，端部开口对泄爆效应的影响范围有限，改变开口尺寸仅能够影响开口附近区域的爆炸荷载，随着开口面积缩小，开口附近的超压峰值和冲量峰值逐渐增大。当开口完全敞开时开口处的荷载值最小，C10 测点对应的超压峰值和冲量峰值仅 9.147 kPa 与 0.185 kPa·s。当开口封闭时开口处的荷载值达到最大，此时 C10 测点处的超压峰值和冲量峰值分布达到了 23.315 kPa 与 0.836 kPa·s。而且，对荷载的影响范围也随着开口面积缩小而扩大,当开口封闭时对冲量的最大影响范围达到了12 m,超压峰值的受影响范围略小于冲量峰值,最远影响距离仅9 m。开口封闭影响爆炸荷载的主要原因是,端部封闭后阻断了压力从端部释放的路径,同时当爆炸波传至端部时会发生反射,局部压强进一步增强,因此,开口面积越小,附近区域的爆炸超压和冲量均得到增强。为了进一步分析开口面积对泄爆效应的影响,以距离开口最近的C10测点为研究测点,分析其超压峰值和冲量峰值随着开口面积的变化关系,如图3-33所示。

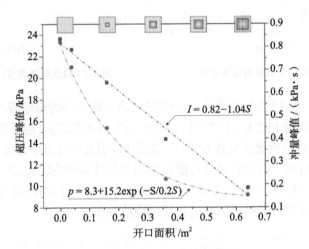

图3-33 不同开口面积对应的端部荷载峰值(C10测点)

对荷载峰值进行拟合得到超压峰值和冲量峰值随开口面积的变化关系,计算式如下:

$$p = 8.3+15.2\exp\left(-S/0.2\right) \qquad (3\text{-}14)$$

$$I = 0.82-1.04S \qquad (3\text{-}15)$$

式中:p 为超压峰值,单位为 kPa;I 为冲量峰值,单位为 kPa·s;S 为开口面积,单位为 m²。

随着开口面积增大,超压峰值和冲量峰值均呈递减变化趋势,但是冲量峰值大致呈线性递减分布,降低速度比较均匀,而超压峰值呈指数递减分布,当开口面积较小时,超压峰值的衰减速度较快,随着开口面积增大到最大限度,超压峰值的降低速度变缓。

第4章　城市浅埋管沟燃气爆炸荷载分布模型

为了研究浅埋管沟内燃气爆炸荷载分布特征,本章通过数值模拟的方法分析管沟内部燃气爆炸机理、超压时程曲线以及荷载分布特征,得到爆炸超压与管沟端部开口、管沟尺寸以及气云体积等因素的关系,并采用理论分析和经验公式拟合相结合的方法建立管沟燃气爆炸超压峰值分布模型。

4.1　管沟燃气爆炸过程研究

4.1.1　物理模型建立

基于前期泄爆管沟的爆炸试验,验证了 FLACS 软件的准确性,因此,可以通过数值模拟的方法对其他场景进行研究。首先研究管沟内的燃气爆炸过程,管沟一端开口、一端封闭,顶部无泄爆口,在距封闭端 3 m 内充入甲烷 – 空气混合气体,混合气体中甲烷的体积分数为 9.5%,采用封闭端点火方式引爆。物理模型及网格划分如图 4-1 所示:黄色物体为长 30 m、截面边长 0.8 的方形管沟,管沟左端封闭、右端开口;绿色区域为甲烷 – 空气混合气体,点火点位于封闭端的截面中心;计算域尺寸为 36 m × 2 m × 6 m,采用尺寸为 5 cm 的均匀网格;在管沟侧面中心布置 10 个测点,设置位置与试验工况一致。

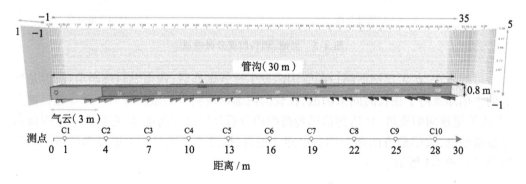

图 4-1　物理模型及网格划分

4.1.2 爆炸过程分析

为了研究管沟内爆炸荷载,首先分析爆炸过程中管沟内的火焰和燃料的位置分布以及运动过程,图 4-2 所示为某一时刻爆炸火焰、残余燃料相对位置示意图。

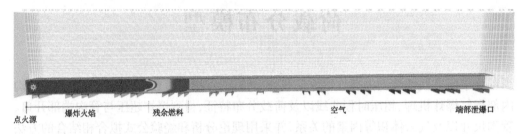

点火源　　爆炸火焰　　　　残余燃料　　　　　　　　空气　　　　　　端部泄爆口

图 4-2　爆炸火焰、残余燃料相对位置示意图

图 4-2 中暗红色部分为燃烧火焰,绿色部分为未燃气体,火焰与未燃气体中间有一个明显的分界,即火焰阵面。在燃气被引爆以后,已燃区范围逐渐扩大,燃烧区火焰推动前方未燃气体向前移动,残余气体在移动过程中逐渐消耗。图 4-3 所示为火焰和燃料的质量分数曲线,图 4-4 所示为爆炸过程中火焰以及残余燃料的运动过程。

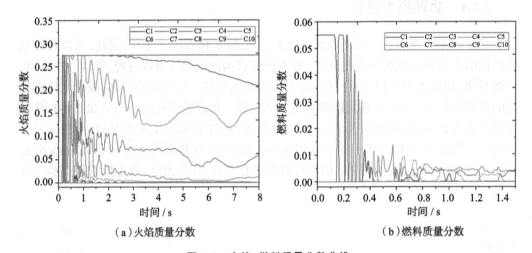

（a）火焰质量分数　　　　　　　　　　（b）燃料质量分数

图 4-3　火焰、燃料质量分数曲线

可以发现,在无顶部泄爆口的管沟内发生燃气爆炸后,残余燃料逐渐消耗,但是形成的火焰却维持了很长时间未消散,在管沟内部出现明显的振荡现象。随着燃料被点燃,火焰迅速向前推进,在达到最远传播距离以后开始反方向运动,然后在一定距离内小范围波动,火焰前方的参与燃料也随之振荡,最终消耗殆尽。火焰锋面传播距离时程曲线如图 4-5 所示。

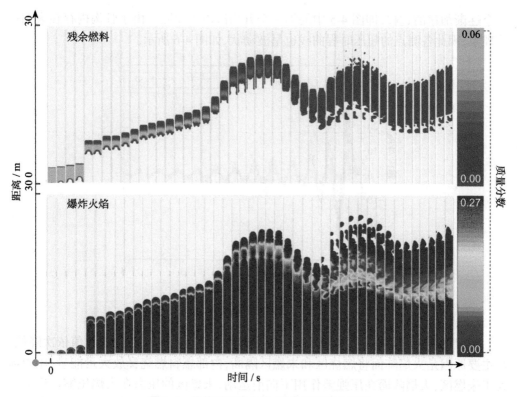

图 4-4　爆炸过程中火焰、残余燃料运动过程

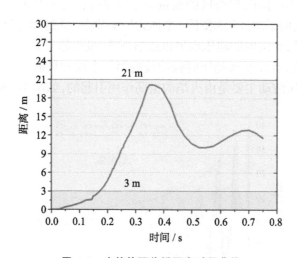

图 4-5　火焰锋面传播距离时程曲线

由图 4-5 可知,火焰锋面的传播距离远大于气云长度,管道中仅填充了 3 m 长的气云,而火焰的最大传播距离达到了 21 m,其主要原因是当火焰在管沟中传播时,受到内部湍流、压缩波以及不稳定流场等因素的加速作用。火焰发展的初始传播阶段是

一个逐渐加速的过程,即图 4-5 中的第一个升高段由缓变陡。由于管沟内存在火焰振荡现象,因此各测点的超压时程曲线也呈波动状,如图 4-6 所示。

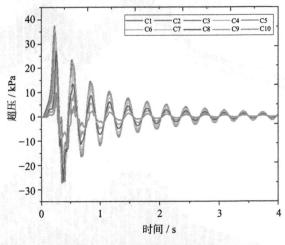

图 4-6　各测点超压时程曲线

可以发现,超压时程曲线存在多个波峰,第一个峰值最大,后面的峰值依次降低。其主要原因是火焰阵面将燃烧区和未燃区隔断,内部燃料燃烧释放大量能量,压力远大于未燃区,火焰阵面在压强差作用下向前运动,未燃区的压力在火焰压缩过程中逐渐升高,最终在火焰传播过程的某一时刻达到压力平衡状态。但是随着摩擦、热传导以及燃料消耗等因素作用,燃烧区的能量不足以维持压力平衡关系,压力平衡状态被破坏后火焰阵面反向运动,以寻求下一个压力平衡状态。该过程会反反复复持续多次,随着能量逐渐耗散,管沟内的超压水平也逐渐下降,最终趋于大气压强。结合火焰、燃料的质量分数曲线,可以发现超压时程曲线的第一个波动段取决于火焰、燃料的共同作用,而后面的超压波动主要是由火焰的振荡作用引起的,如图 4-7 所示。

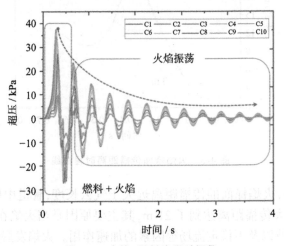

图 4-7　火焰、燃料作用时间段

4.1.3　模拟结果分析

通过 4.1.2 小节的分析,可知管沟内的爆炸超压存在波动现象。因为第一个波动段为最危险的情况,第一个正相超压峰值最大,所以本小节仅对第一个波动段进行分析。

1. 火焰预热区

火焰预热区也称燃烧区,将管沟空间的已燃区和未燃区划分开。某时刻管沟内部的火焰场分布如图 4-8 所示,左边红色区域为高温的已燃区,右边蓝色区域为温度较低的未燃区,火焰预热区处于两个区域的交接处,即红色至蓝色的渐变部分。已燃区产生的能量通过火焰阵面传递至未燃区的混合气体,其在温度升高以后被点燃,在火焰阵面附近形成温度梯度,从而实现高温区的扩展。

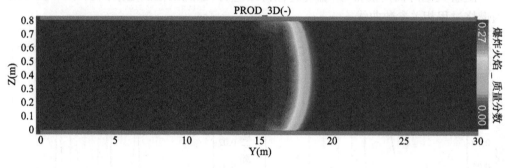

图 4-8　火焰场分布

图 4-9 所示为上述火焰场对应的温度等值线图,火焰预热区内侧的高温区为红色等值线、外侧低温区为蓝色等值线。可以发现,热量交换主要集中在火焰预热区,火焰阵面周围的变化最剧烈,等值线密集分布。火焰预热区同时将管沟内部的密度场区分开,如图 4-10 所示,随着火焰阵面推移,未燃区的混合气体被压缩,密度较大,而已燃区的混合气体被拉伸,内部燃料也被消耗,因此,火焰阵面经过以后已燃区的密度急剧下降。

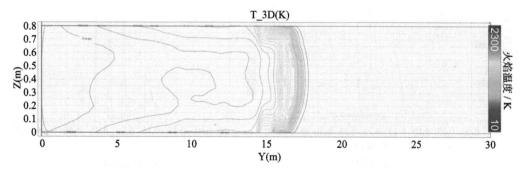

图 4-9　火焰场对应的温度等值线图

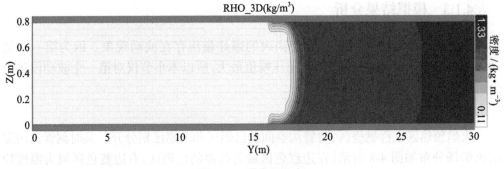

图 4-10　密度场分布

2.燃烧速率及温度分布

随着火焰阵面向前推移,燃烧过程持续进行,已燃区范围逐渐扩展,图 4-11 所示为燃烧过程相关参数曲线。

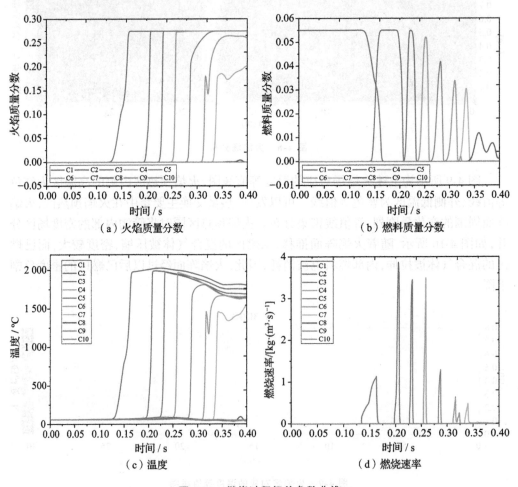

（a）火焰质量分数　　　　　　　　（b）燃料质量分数

（c）温度　　　　　　　　（d）燃烧速率

图 4-11　燃烧过程相关参数曲线

可以发现,随着火焰不断燃烧,燃料逐渐消耗,火焰阵面前端的未燃气体越来越少,锋面厚度减小。因为火焰阵面作为未燃气体和已燃气体的分界面,燃烧火焰聚集在已燃区无法消散,所以燃烧火焰维持时间长。又因为管沟温度主要受火焰预热区控制,所以温度曲线和火焰质量分数曲线相似,基本同步变化,升温以后维持在高温状态。燃烧速率表示燃料的反应效率,由于燃料的燃烧过程主要集中于火焰预热区,当火焰阵面经过时才有燃料的燃烧过程,因此燃烧速率曲线呈单锋状,火焰未传播到的区域燃烧速率为零。图4-12所示为4个参数的峰值分布。

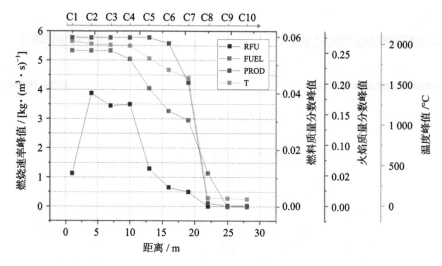

图4-12　燃烧过程相关参数峰值分布

如图4-12所示,由于燃烧火焰主要受燃料残余量控制,在距离约21 m处燃料基本消耗殆尽,因此随着燃料的消耗,燃烧火焰质量分数峰值也迅速下降,这部分区域的温度场的温度峰值也出现骤降。通过燃烧速率峰值分布可以看出距点火源距离较近的区域燃烧效率较低,这主要是由于爆炸初期火焰面积较小,燃料燃烧不够充分,随着火焰阵面扩张至管沟壁面,火焰阵面表面积增加,燃烧速率迅速上升。随着燃料逐渐被消耗,距点火源较远区域的燃烧速率呈下降趋势。

3. 爆炸荷载分布规律

根据之前对泄爆管沟试验的分析结果,知道管沟爆炸荷载与气流速度相关,因此,结合气流速度分析爆炸荷载分布特征,超压和冲量峰值分布如图4-13所示。图4-14所示为超压峰值、冲量峰值以及气流速度峰值分布。

可以发现,气流速度峰值随着距离的增加而增大,但是由于增长速度不同大体可分为3个转折段,在接近点火源和开口端的区域增长速度快,在中间区域的增长速度较缓,主要原因是:在距离点火源较近的区域燃烧还不够充分,随着燃烧作用加强,气流速度也迅速增大;在距开口端较近的区域因为存在端部泄压作用,所以气流速度也比较快;因为中间区域的燃烧作用基本稳定,而且受端部泄压作用的影响较小,所以在爆炸波推动下气流速度缓慢增大。

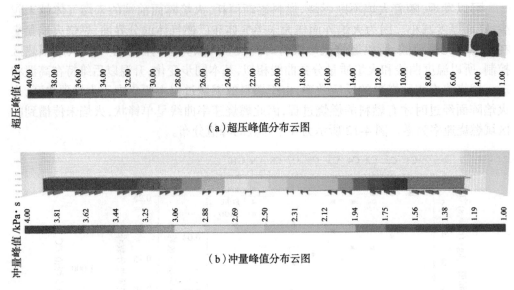

（a）超压峰值分布云图

（b）冲量峰值分布云图

图 4-13　最大荷载分布云图

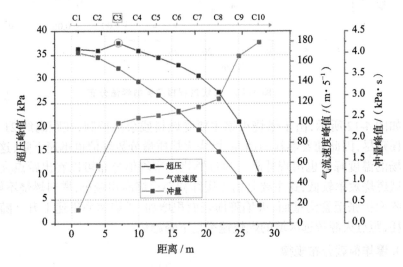

图 4-14　超压峰值、冲量峰值以及气流速度峰值分布

　　与气流速度峰值分布规律相反，爆炸冲量峰值分布随着距离增加呈递减的趋势，但是超压峰值沿着管沟并不是呈单调递减的分布规律，而是先有一个增压的过程，达到最大峰值以后开始衰减，最大超压峰值位于传播方向的一定距离处，并非离点火源最近的位置。结合管沟内的燃烧过程以及各特征参数分布进行分析，发现管沟内超压峰值之所以呈先增加后降低的分布规律，是因为它主要受不同距离处前驱波和火焰波的相对位置影响。图 4-15 所示为 C1 测点各参数信息。

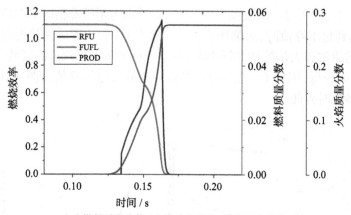

（a）燃料质量分数／火焰质量分数／燃烧效率曲线

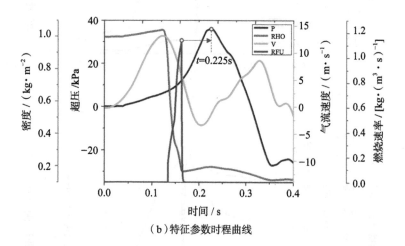

（b）特征参数时程曲线

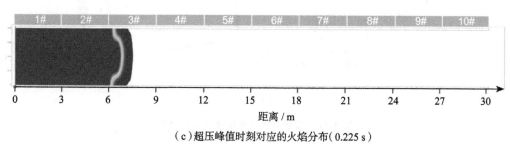

（c）超压峰值时刻对应的火焰分布（0.225 s）

图 4-15 C1 测点各参数信息

图 4-15（a）所示为燃烧过程中燃料质量分数、火焰质量分数及燃烧效率曲线，可以发现，随着燃烧过程的进行，燃料（FUEL）质量分数急剧下降，火焰（PROD）质量分数迅速上升，燃烧效率（RFU）随之增加，当该位置的燃料消耗完毕后燃烧效率也降为零，因此，燃烧效率曲线可以代表某个位置的燃烧过程。图 4-15（b）所示为各参数时程曲线，超压时程曲线（P）达到峰值的时刻在燃烧过程之后，即在火焰传播过后达到

峰值,此时气流已经历过一次波动。图 4-15(c)所示为超压峰值时刻对应的火焰分布,当 C1 位置达到超压峰值时,火焰锋面已经传播至 C3 的位置。在接近点火源的区域,超压峰值受前驱波和火焰波的共同影响,由于离点火源距离较近的区域燃烧过程不够充分,燃烧效率较低,因此 C1 处的超压峰值并非最大超压峰值。图 4-16 所示为其他测点的特征参数时程曲线。

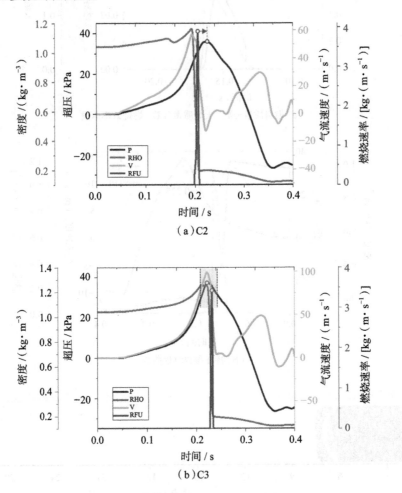

图 4-16　其他测点的特征参数时程曲线

可以发现,超压峰值时刻与燃烧过程的相对位置随着距离增加发生了变化。随着燃烧效率逐渐加强,火焰波不断追赶前驱波,因为在 C3 处气流速度峰值与燃烧速率峰值基本重合,所以该测点的超压峰值最大。因为 C3 以前测点的燃烧过程均在超压峰值时刻之前,C3 之后测点的燃烧过程均在超压峰值时刻之后,所以 C3 之后位置的超压峰值主要受前驱波控制,即图中超压峰值时刻与密度峰值时刻和气流速度峰值时刻基本对应。由于火焰传播距离有限,因此测点 C7 之后无燃烧速率曲线。

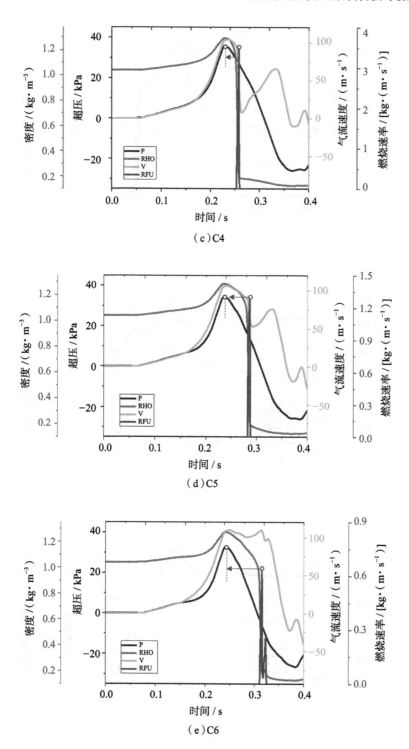

（c）C4

（d）C5

（e）C6

图 4-16　其他测点的特征参数时程曲线（续）

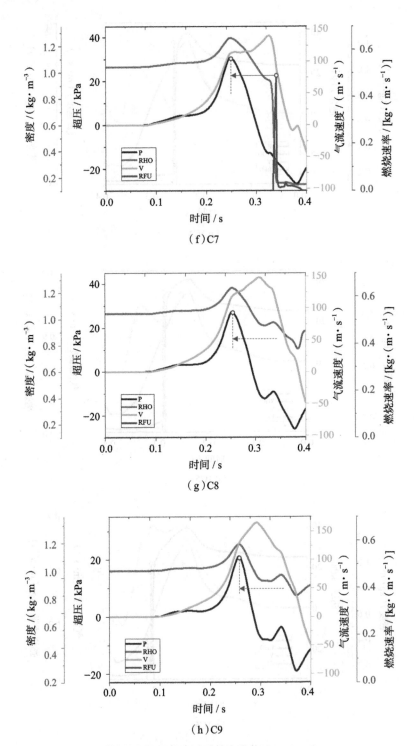

（f）C7

（g）C8

（h）C9

图 4-16　其他测点的特征参数时程曲线（续）

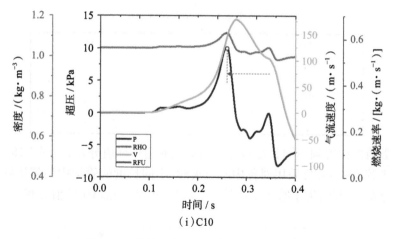

图 4-16　其他测点的特征参数时程曲线(续)

4.2　管沟燃气爆炸荷载影响因素

4.2.1　管沟类型

根据管沟端部开口情况可以将管沟分为半开管沟和全开管沟。根据管沟类别简化出两种常见的管沟燃气爆炸事故场景:

①全开管沟中间积聚大量气云,气云中心某点火源引起爆炸。

②半开管沟封闭端积聚气云,端部点火引爆。

这里对这两类场景进行对比分析,图 4-17 所示为两种常见爆炸场景示意图。

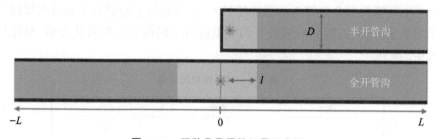

图 4-17　两种常见爆炸场景示意图

首先分析全开管沟爆炸场景,气云长 $2l$,管沟长 $2L$,管沟截面边长为 D,管沟长度取 4 组数值,模拟工况如表 4-1 所列。

表 4-1   模拟工况表

D/m	l/m	L/m
0.8	1.5	15
		30
		45
		60

通过数值模拟得到不同长度全开管沟对应的超压峰值分布,如图 4-18 所示,发现当气云位于管沟中心,且采用对称中心点火时,不同长度的管沟内的超压峰值关于点火点对称分布。因此,为了减小工作量,可以仅分析某一侧超压峰值分布。

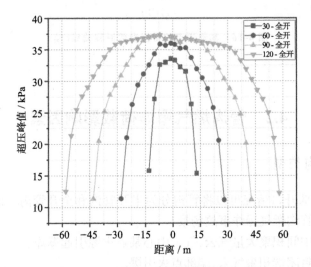

图 4-18   不同长度全开管沟超压峰值分布

由于半开管沟与全开管沟的爆炸场景不同,因此为了能够将半开管沟爆炸场景研究结果用于全开管沟,需要对两种管沟类型进行不同爆炸场景对比分析,对比模拟工况如表 4-2 所列。

表 4-2   对比模拟工况表

D/m	L/m	l/m
0.8	30	1.5
		3
		15
		30

通过模拟得到当两种管沟填充不同长度气云时的爆炸荷载,选取气云长度 l=3 m 时测点 C1 的超压时程曲线进行对比,如图 4-19 所示。图 4-20 所示为不同场景下的超压峰值和冲量峰值分布对比。

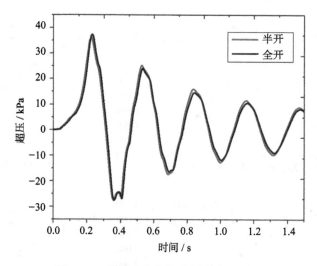

图 4-19　超压时程曲线对比（测点 C1）

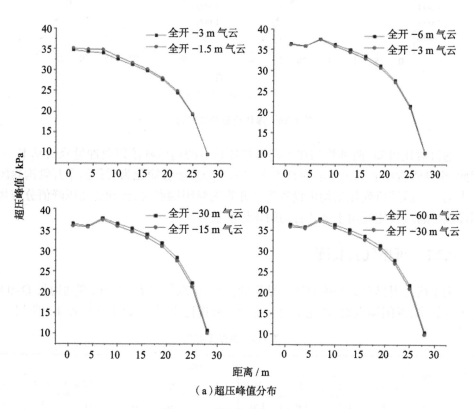

（a）超压峰值分布

图 4-20　爆炸荷载分布对比

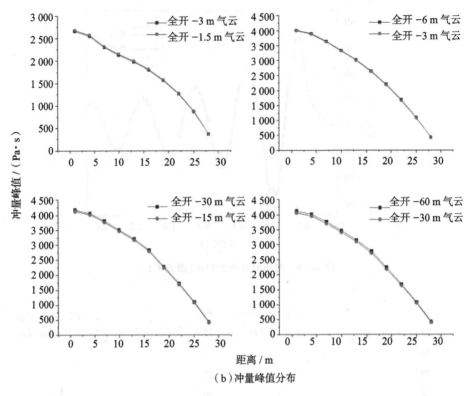

（b）冲量峰值分布

图 4-20　爆炸荷载分布对比（续）

通过对比可知,两种管沟在不同爆炸场景下的超压峰值以及冲量峰值基本一致,因此,全开管沟中心气云中心对称点火的爆炸场景能够简化为对称的半开管沟封闭端点火场景。后期研究场景均可设置为半开管沟封闭端点火,得到的超压峰值分布规律同样能够通过转化运用于全开管沟的爆炸场景。

4.2.2　可燃气云长度

为了研究可燃气云长度对爆炸结果的影响,选取长度 L= 30 m,截面边长 D=0.8 m 的半开管沟,封闭端点火,填充不同长度的气云进行模拟,模拟工况如表 4-3 所列。

表 4-3　模拟工况表

L/m	D/m	l/m									
		工况 1	工况 2	工况 3	工况 4	工况 5	工况 6	工况 7	工况 8	工况 9	工况 10
30	0.8	0.1	0.5	1.0	1.5	2.0	3.0	6.0	9.0	15	30

模拟得到不同工况下的超压时程曲线,选取 C1 测点的超压时程曲线进行对比,如图 4-21 所示。

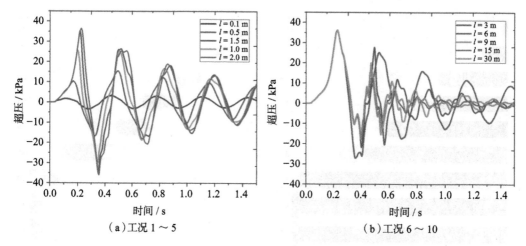

（a）工况 1 ～ 5　　　　　　　　　（b）工况 6 ～ 10

图 4-21　超压时程曲线对比（C1 测点）

由图 4-21 可以发现，工况 1 ～ 5 的超压时程曲线第一个正压段升压速度大致相同，存在重合段，但是峰值大小有着明显差别，随着气云长度增加，超压时程曲线整体大小增加；工况 6 ～ 10 的超压时程曲线第一个超压上升段基本重合，主要差别为后期振荡过程，随着气云长度增加，振荡幅度逐渐变小。不同工况下超压峰值情况如图 4-22 所示。

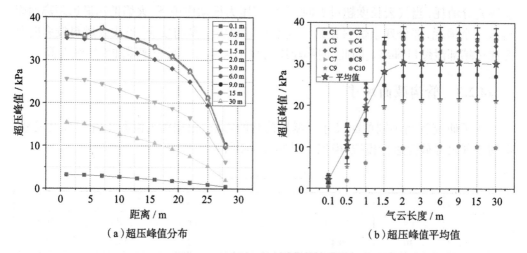

（a）超压峰值分布　　　　　　　　　（b）超压峰值平均值

图 4-22　不同工况下超压峰值情况

通过对比发现，当气云较短时，超压峰值分布为简单的递减分布，当气云长度达到 2 m 时超压峰值分布才满足前期分析的分布规律；随着气云长度增加，超压峰值平均值先增加后趋于稳定。通过分析燃烧过程可以发现其中的原因，图 4-23 所示为火焰及残余气体最远传播距离。

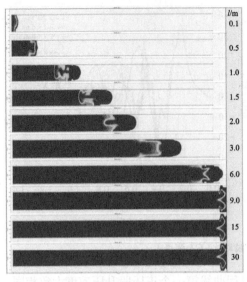

(a)爆炸火焰

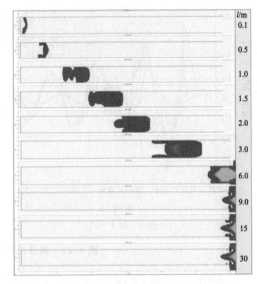

(b)残余气体

图 4-23　火焰及残余气体最远传播距离

由图 4-23 可知,该管沟对应了一个最适气云长度 l_g。当气云长度小于 l_g 时,气云能够充分消耗;当气云长度超过 l_g 时,在内部压力推动作用下,火焰抵达最远距离时燃料未完全消耗,部分残余燃料在第一次推动过程中未参与反应,当残余燃料较多时甚至通过端部泄爆口排出。因此,内部超压荷载不再随着气云长度增加而继续升高。

4.2.3　管沟截面尺寸

为了研究管沟不同截面尺寸对爆炸荷载的影响,根据钢筋混凝土管沟常见尺寸,选用 5 种尺寸截面进行模拟,模拟工况如表 4-4 所列。

表 4-4　模拟工况表

l/m	L/m	D/m				
		工况 1	工况 2	工况 3	工况 4	工况 5
0.1 ~ 30	30	0.4	0.8	1.2	1.6	2.0

通过扩展模拟,得到不同截面尺寸管沟对应的超压峰值平均值随着气云长度的变化规律,如图 4-24 所示。

由图 4-24 可知,随着气云长度增加,不同截面尺寸管沟对应的超压峰值平均值均呈先增大后稳定的趋势。随着管沟截面积 S 增大,最适气云长度占比 g($l_g/L \times 100\%$)逐渐增加。表 4-5 为不同截面尺寸管沟的最适气云长度占比 g,根据计算数据进行拟合如图 4-25 所示。

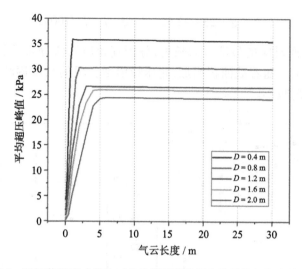

图 4-24　不同截面尺寸管沟对应的超压峰值平均值随气云长度的变化

表 4-5　不同截面尺寸管沟的最适气云长度占比

D/m	0.4	0.8	1.2	1.6	2.0
S/m	0.16	0.64	1.44	2.56	4.00
L/m	30	30	30	30	30
lg/m	1	2	3	5	6
g/%	3.33	6.67	10.00	16.67	20.00

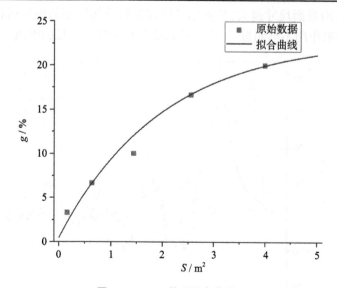

图 4-25　g–S 关系拟合曲线

　　根据不同截面积管沟对应的最适气云长度占比进行曲线拟合,得到最适气云长度占比 g（%）与管沟截面积 S（m^2）的关系式为

$$g = 23 - 22.5e^{-0.5S}, \quad g = l_g / L \times 100\% \tag{4-1}$$

选取每种截面对应的最适气云长度,分析其超压峰值分布及超压峰值平均值大小,如图 4-26 所示。随着截面积增加,超压峰值增长段的长度逐渐增加,对应的超压峰值平均值也逐渐减小。

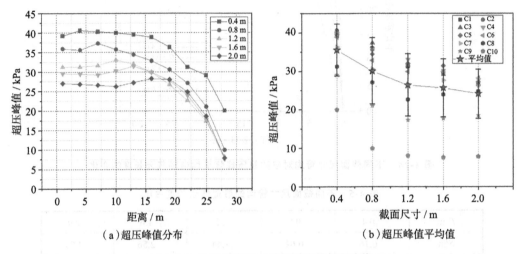

（a）超压峰值分布　　　　　　　　　（b）超压峰值平均值

图 4-26　不同截面尺寸管沟对应的超压峰值

取 C1 测点的超压时程曲线,如图 4-27 所示。可以发现,随着截面积增加,超压峰值减小,同时,升压段斜率逐渐减小,超压增长速度变慢,达到峰值所需的时间更长。主要原因是管沟截面尺寸越大,从火焰发展到接触管沟壁面的整个过程越久,壁面的反射作用和约束作用不够明显,压力增长到最大水平需要更长的距离。

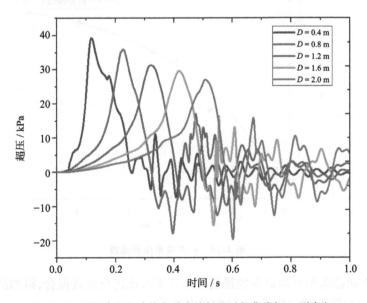

图 4-27　不同截面尺寸管沟对应的超压时程曲线（C1 测点）

4.2.4　管沟长度

为了研究管沟长度对于爆炸荷载的影响,对 5 种截面尺寸的管沟分别选取 30 m、60 m、90 m 和 120 m 共 4 种管沟长度进行模拟,气云长度均选取对应截面的最适长度 l_g。模拟工况如表 4-6 所列,图 4-28 所示为不同工况对应的超压峰值分布。

表 4-6　模拟工况表

D/m	l_g/m	L/m			
		工况 1	工况 2	工况 3	工况 4
0.4	1				
0.8	2				
1.2	3	30	60	90	120
1.6	5				
2.0	6				

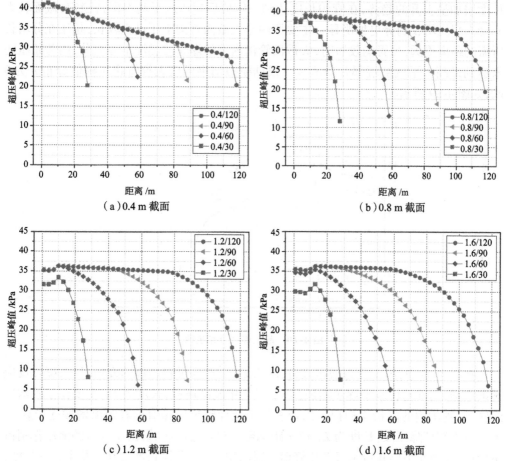

图 4-28　不同工况对应的超压峰值分布

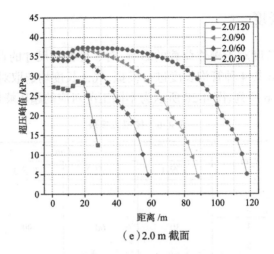

（e）2.0 m 截面

图 4-28 不同工况对应的超压峰值分布（续）

由图 4-28 可得,增压段长度不受管沟长度变化影响,但是超压峰值大小随着管沟长度增加呈上升的趋势,在管沟长度达到一定值后超压水平基本保持稳定,截面较大的管沟超压增长趋势更加明显。主要原因是大截面管沟增压过程较长,超压充分增长所需的距离更远,当管沟较短时,大截面管沟内部的爆炸波燃烧不够充分,内部超压还未达到最高水平就被端部开口泄放。根据模拟结果可以大致将超压峰值分布分为 3 段,如图 4-29 所示。

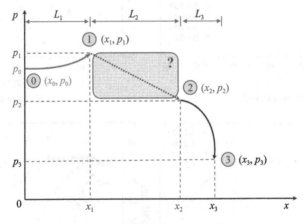

图 4-29 超压峰值分布规律

在图 4-29 中,第 1 段为增压段,长度为 L_1,主要为燃料燃烧的发展过程,爆炸反应逐渐增强,内部超压水平逐步增加;第 2 段为中间降压段,长度为 L_2,主要位于管沟中间区域,管沟内的能量交换损耗以及燃料消耗导致超压峰值随着距离增加逐步衰减;第 3 段为端部降压段,长度为 L_3,位于距端部开口较近的区域,由于开口的泄压作用占主导地位,因此距离开口越近超压峰值下降越快。3 个分段长度总和为整个管沟长度,

即 $L_1+L_2+L_3=L$。

根据不同截面管沟的超压峰值分布,可以得到增压段长度 L_1 和端部降压段长度 L_3 的计算公式。根据前面的分析得到增压段长度 L_1 仅与管沟截面尺寸有关,管沟截面尺寸可以通过水力半径 r_B 表示,表 4-7 所列为不同截面管沟对应的增压段长度,根据计算数据进行线性拟合,如图 4-30 所示。

表 4-7 不同截面尺寸管沟对应的增压段长度 L_1

D/m	0.4	0.8	1.2	1.6	2.0
r_B/m	0.23	0.45	0.68	0.90	1.13
L_1/m	4	7	10	13	16

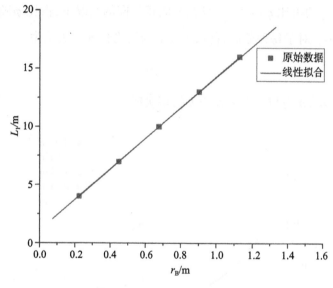

图 4-30 L_1–r_B 关系拟合曲线

通过线性拟合得到升压段长度 L_1 与水力半径 r_B 大致呈线性关系,计算公式为

$$L_1 = 13.3r_B + 1, r_B = \sqrt{\frac{S}{\Pi}} \qquad (4\text{-}2)$$

下面计算端部降压段长度 L_3。

通过分析发现,端部降压段长度 L_3 与管沟截面尺寸和管沟长度 L 都有关。表 4-8 为不同截面尺寸管沟对应的端部降压段的长度占比 $\varphi = L_3 / L$。

表 4-8   不同截面尺寸管沟对应的端部降压段的长度占比 φ

D/m	S/m²	φ		
		$L = 60$ m	$L = 90$ m	$L = 120$ m
0.4	0.16	0.233	0.122	0.067
0.8	0.64	0.483	0.289	0.192
1.2	1.44	0.783	0.489	0.342
1.6	2.56	—	0.689	0.492
2.0	4.00	—	—	0.592

对数据进行拟合,如图 4-31 所示,发现在管沟长度相同的情况下,截面积 S 越大,其降压段长度 L_3 的占比 φ 越大,而且在截面积相同的情况下,占比 φ 随着管沟长度 L 的增加逐渐减小。对于每种截面管沟,占比 φ 与管沟长度 L 关系为

$$\varphi = AL^{-b} \tag{4-3}$$

式中:A 为常数项,b 为与截面积 S 相关的幂次项。

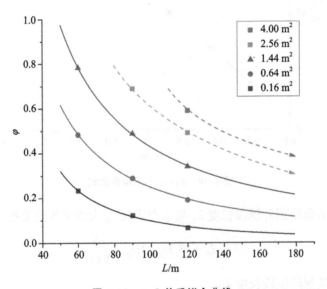

图 4-31 φ–L 关系拟合曲线

由于数据有限,因此通过拟合仅得到 3 种小截面管沟对应的 φ–L 关系式,为

$$\varphi = \begin{cases} 101L^{-1.21}, & S = 1.44 \text{ m}^2 \\ 104L^{-1.39}, & S = 0.64 \text{ m}^2 \\ 259L^{-1.71}, & S = 0.16 \text{ m}^2 \end{cases} \tag{4-4}$$

根据拟合公式中不同截面积 S 对应的参数 b,拟合得到参数 b 与截面积 S 的关系,

如图 4-32 所示。

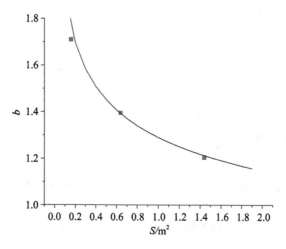

图 4-32　b–S 关系拟合曲线

通过拟合得到参数 b 与截面积 S 的计算公式为

$$b = \frac{1.29}{S^{0.17}} \tag{4-5}$$

将式（4-5）代入端部降压段 L_3 长度占比 φ 的计算公式（4-3），得

$$\varphi = AL^{-\frac{1.29}{S^{0.17}}} \tag{4-6}$$

为了求得不同截面尺寸和长度的管沟对应的端部降压段长度占比 φ，可以先求出当长度 $L=120\ \mathrm{m}$ 时各截面的占比 φ，然后通过下式得到。

$$\varphi_L = \varphi_{120\,\mathrm{m}} \left(\frac{L}{120}\right)^{-\frac{1.29}{S^{0.17}}} \tag{4-7}$$

因此，单独拟合出 120 m 管沟的占比 $\varphi_{120\,\mathrm{m}}$ 与截面积 S 的关系如图 4-33 所示。

通过拟合得到 $\varphi_{120\,\mathrm{m}}$ 的计算式为

$$\varphi_{120\,\mathrm{m}} = 0.71 - \frac{0.69}{\mathrm{e}^{0.44S}} \tag{4-8}$$

将式（4-8）代入式（4-7）得到任意尺寸管沟的降压段长度占比 φ 计算式

$$\varphi_L = \varphi_{120\,\mathrm{m}} \left(\frac{L}{120}\right)^{-\frac{1.29}{S^{0.17}}} = \left(0.71 - \frac{0.69}{\mathrm{e}^{0.44S}}\right)\left(\frac{L}{120}\right)^{-\frac{1.29}{S^{0.17}}} \tag{4-9}$$

所以得到端部降压段长度 L_3 为

$$L_3 = L\varphi_L = L\varphi_{120\,\mathrm{m}} \left(\frac{L}{120}\right)^{-\frac{1.29}{S^{0.17}}} = L\left(0.71 - \frac{0.69}{\mathrm{e}^{0.44S}}\right)\left(\frac{L}{120}\right)^{-\frac{1.29}{S^{0.17}}} \tag{4-10}$$

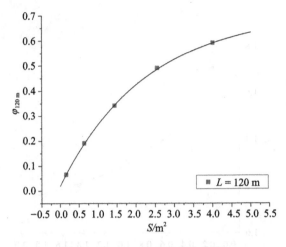

图 4-33　$\varphi_{120\,m}$-S 关系拟合曲线

由于试验管沟长度较短,仅为 30 m,因此超压分布未出现第二段,只存在第一个增压段和端部降压段。通过扩展模拟得到中间降压段,但因为未通过试验进行准确性验证,所以中间降压段的变化规律还无法确定,需要对中间降压段进行理论推导。

4.3　超压峰值分布模型

4.3.1　爆炸平面冲击波物理模型

本节研究对象为半开管沟,为了研究爆炸波的变化,假设管沟内燃气爆炸后沿着管沟传播的爆炸波为平面冲击波,只考虑冲击波前后的状态,建立如图 4-34 所示的物理模型。因为冲击波极薄(约 10^{-6} mm 量级),所以假设爆炸波传播过程中巷道摩擦和热交换可忽略不计,将整个爆炸状态假设为理想状态。由于燃气爆炸之后形成的气体产物比固体的膨胀能力大很多,因此能够按照理想气体膨胀来研究爆炸后冲击波。同时忽略燃气反应发展过程,假设燃气一次性释放全部能量[137]。

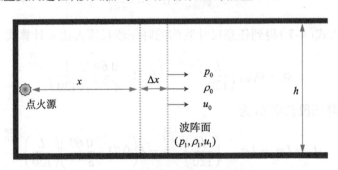

图 4-34　爆炸平面冲击波物理模型

4.3.2　中间降压段模型建立

由于冲击波厚度薄,因此可认为其控制体积内的质量、动能和内能是相同的 [138-139],基于冲击波两侧的基本状态方程,推导出冲击波基本关系式 [140] 为

$$p_1 = p_0 + \frac{2\rho_0 D^2}{k+1}\left(1 - \frac{c_0^2}{D^2}\right) \tag{4-11}$$

$$u_1 = \frac{2D}{k+1}\left(1 - \frac{c_0^2}{D^2}\right) \tag{4-12}$$

$$\rho_1 = \frac{\rho_0(k+1)}{k-1+c_0^2 D^{-2}} \tag{4-13}$$

式中: p_1 为距离 x 的爆炸冲击波压强参数,单位为 kPa; u_1 为波阵面上的气流速度,单位 m/s; ρ_1 为气体密度,单位为 kg/m³; p_0 为大气压强,单位为 kPa; ρ_0 为初始密度,单位为 kg/m³; c_0 为音速,单位为 m/s; k 为气体压缩系数; D 为爆炸冲击波阵面的速度,单位为 m/s。

在爆炸波传播过程中,燃烧区的气体被压缩为厚度为 Δx 的薄层,因为冲击波厚度很薄,所以认为薄层内部的密度为常数,并且与波后密度 ρ_1 相同。因此,波前截面积为 S、长度为 x 区域内的气体质量 m 等于厚度为 Δx 的薄层质量,即

$$m = \rho_1 S\Delta x = \rho_0 S x \tag{4-14}$$

假定冲击波薄层内部气流速度相同,并且与波阵面后的气流速度 u_1 相等 [138]。薄层内部压强用 $p_{\Delta x}$ 表示,令它为波后压强的 μ 倍,即 $p_{\Delta x} = \mu p_1$。在薄层内建立冲量方程,即

$$\frac{\mathrm{d}}{\mathrm{d}t}(mu_1) = S(p_{\Delta x} - p_0) = S(\mu p_1 - p_0) \tag{4-15}$$

将冲击波基本关系式(4-12)及质量公式(4-14)代入式(14-15),得

$$\frac{\mathrm{d}}{\mathrm{d}t}\left[\rho_0 S x \frac{2D}{k+1}\left(1 - \frac{c_0^2}{D^2}\right)\right] = S\left[\mu p_0 + \frac{2\mu\rho_0 D^2}{k+1}\left(1 - \frac{c_0^2}{D^2}\right) - p_0\right] \tag{4-16}$$

式中: $\frac{\mathrm{d}}{\mathrm{d}t} = \frac{\mathrm{d}}{\mathrm{d}x}\frac{\mathrm{d}x}{\mathrm{d}t} = \frac{\mathrm{d}}{\mathrm{d}x}D, \frac{\mathrm{d}x}{\mathrm{d}t} = D$ 为冲击波阵面速度。又已知 $p_0 = \rho_0 c_0^2/k$,简化式(4-16)为

$$\frac{1 + \dfrac{c_0^2}{D^2}}{D(\mu-1)\left(1 + \dfrac{1+k}{2k}\dfrac{c_0^2}{D^2}\right)}\mathrm{d}D = \frac{\mathrm{d}x}{x} \tag{4-17}$$

假设爆炸波为强冲击波，即 $\dfrac{c_0{}^2}{D^2} \to 0$，将式（4-17）简化为

$$\frac{\mathrm{d}D}{D} = (\mu - 1)\frac{\mathrm{d}x}{x} \qquad (4\text{-}18)$$

对上式进行积分得

$$D = Bx^{\mu - 1} \qquad (4\text{-}19)$$

式中：B 为积分常数。

下面采用能量方程确定 B 和 μ。忽略壁面热效应和摩擦等损失的能量，仅考虑气体膨胀对爆炸波前方空气做功的能量损失，这部分能量等于波阵面的动能和内部气体的内能，能量方程为

$$E = E_{\mathrm{k}} + E_{\mathrm{r}} = \frac{1}{2}mu_1{}^2 + \frac{Sxp_{\Delta x}}{k - 1} \qquad (4\text{-}20)$$

将上式代入冲击波基本关系式及质量公式，得

$$E = 2S\rho_0 B^2 \left[\frac{1}{(k+1)^2} + \frac{\mu}{k^2 - 1} \right] x^{2\mu - 1} \qquad (4\text{-}21)$$

在燃气积聚量一定的情况下，不考虑能量损失，E 保持常数。因为爆炸膨胀对前方气体做功的能量与 x 无关，所以 $2\mu - 1 = 0$，$\mu = 0.5$，得

$$B = \left[\frac{(k+1)^2(k-1)}{(3k-1)\rho_0} \right]^{0.5} \left(\frac{E}{S} \right)^{0.5} \qquad (4\text{-}22)$$

$$D = \left[\frac{(k+1)^2(k-1)}{(3k-1)\rho_0} \right]^{0.5} \left(\frac{E}{S} \right)^{0.5} x^{-0.5} \qquad (4\text{-}23)$$

将式（4-23）代入冲击波基本关系式，得到极强、极弱冲击波状态下超压峰值随距离的关系 [141] 为

强爆炸状态：

$$\Delta p = p_1 - p_0 = \frac{2(k^2 - 1)}{3k - 1}\varepsilon x^{-1}, \quad \Delta p = Cx^{-1} \qquad (4\text{-}24)$$

弱爆炸状态：

$$\Delta p \approx \frac{4kp_0}{(k+1)c_0} \left[\frac{(k+1)^2(k-1)}{(3k-1)\rho_0} \right]^{0.5} \varepsilon^{0.5} x^{-0.5}, \quad \Delta p = Cx^{-0.5} \qquad (4\text{-}25)$$

式中：ε 为管沟截面单位面积的爆炸能量，$\varepsilon = E / S$。

对比两种状态下的理论推导公式，发现在实际爆炸冲击波形成过程中，冲击波速度不会远大于音速。因此，一般采用式（4-25）更加合理。

4.3.3　中间降压段模型修正

我国部分学者也通过推导得出理论模型,得出爆炸超压峰值与距离 x 的二次方成反比[137-142]。为了验证理论推导的准确性,引用重庆煤科院大尺寸巷道瓦斯爆炸试验数据[143]进行验证。试验巷道如图 4-35 所示,巷道一端采用防爆门封闭,另一端开口,巷道截面积为 7.2 m^2,长度为 798 m,测试段长 400 m。试验采用瓦斯体积分数为 9.5% 的瓦斯 – 空气混合气体,体积分别为 50 m^3、100 m^3、200 m^3,对应的积聚长度分别为 7 m、14 m 和 28 m。点火源位于巷道的封闭端。

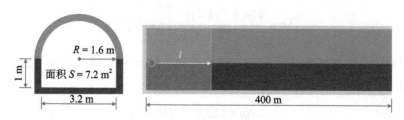

图 4-35　爆炸试验巷道结构示意图

根据超压峰值与距离 x 的幂次关系对试验数据进行拟合,超压峰值分布及拟合曲线如图 4-36 所示。

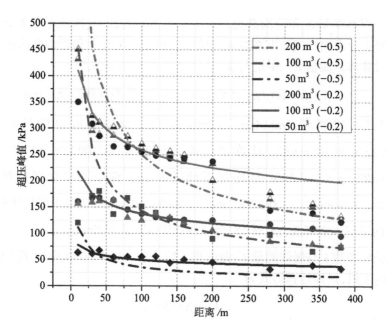

图 4-36　超压峰值分布及拟合曲线

通过对试验结果进行拟合发现,$\Delta p = Cx^{-0.5}$ 对应拟合曲线与试验值差别较大,特别是在距离点火源越近的区域,拟合值远大于试验值。因此,根据试验结果修正 x 的幂次项,将曲线公式修改为 $\Delta p = Cx^{-0.2}$ 的形式,该形式下的拟合曲线更加接近试验值。因此,在 $\Delta p = Cx^{-0.5}$ 后面添加无量纲项 x/r_B,修订结果为

$$\Delta p = Cx^{-0.5}\left(\frac{x}{r_B}\right)^{0.3} \tag{4-26}$$

$$\Delta p \approx \frac{4kp_0}{(k+1)c_0}\left[\frac{(k+1)^2(k-1)}{(3k-1)\rho_0}\right]^{0.5}\varepsilon^{0.5}x^{-0.5}\left(\frac{x}{r_B}\right)^{0.3} \tag{4-27}$$

$$\Delta p \approx \frac{4kp_0}{c_0}\left[\frac{(k-1)}{(3k-1)\rho_0}\right]^{0.5}\varepsilon^{0.5}r_B^{-0.3}x^{-0.2} \tag{4-28}$$

通过对试验数据拟合得到 50 m³、100 m³ 和 200 m³ 气云爆炸情景下的超压峰值衰减关系为

$$\Delta p = 122.9x^{-0.2}(50\ m^3) \tag{4-29}$$

$$\Delta p = 344.6x^{-0.2}(100\ m^3) \tag{4-30}$$

$$\Delta p = 649.3x^{-0.2}(200\ m^3) \tag{4-31}$$

因为当爆炸能量 E 和管沟截面积 S 的取值不同时,空气压缩系数 k 会发生变化,所以接下来需要求出空气压缩系数 k 与单位面积爆炸能量 E 和管沟截面积 S 的关系。

首先计算爆炸能量 E。甲烷与氧气反应的热化学方程式为

$$CH_4(g) + 2O_2(g) = CO_2(g) + 2H_2O + Q,\ Q = 882.6\ kJ/mol \tag{4-32}$$

根据方程式可以得到,1mol CH_4 与 2mol O_2 完全反应释放出能量 882.6 kJ。引入气体状态方程 $pV = nRT$,计算出气体在常温常压(100 kPa,20 ℃)下的摩尔体积 $V_m = nRT/p = 24$ L/mol,从而可以计算出 1 m³ 纯甲烷完全燃烧释放的能量 $q_e = 1 \times 1\ 000\ L \div 24\ mol \cdot L^{-1} \times 882.6\ kJ \cdot mol^{-1} = 3.68 \times 10^4\ kJ$。所以对于甲烷体积分数为 c、体积为 V 的甲烷–空气混合气体,完全燃烧释放的能量为 $E = q_e V c$。

其次分析参数 k 与爆炸能量 E、截面积 S 的关系。基于前期模拟工况的超压数据,计算对应的 k 值,具体计算形式为

$$k = f(S) \cdot \Phi(E) \tag{4-33}$$

首先求出参数 k 与管沟截面积 S 的关系。选取长 30 m、不同截面边长的管沟,控制气云体积相同,由于气云体积较小,因此管沟截面尺寸对压缩系数 k 的影响远大于能量变化,可以忽略这部分能量的影响因子,推导出的计算公式即可作为 k–S 计算式。表 4-9 所列为不同工况对应的压缩系数 k,图 4-37 所示为参数 k 与 S 的拟合曲线。

表 4-9　不同工况对应的压缩系数 k

截面边长 D/m	0.4	0.8	1.2	1.6	2.0
截面积 S/m^2	0.16	0.64	1.44	2.56	4.00
气云长度 l/m	8.00	2.00	0.89	0.50	0.32
气云体积 V/m^3	1.28	1.28	1.28	1.28	1.28
爆炸能量 E/kJ	4475	4475	4475	4475	4475
测点位置 x/m	4	7	1	1	1
超压峰值 P/kPa	41.28	37.71	18.49	5.65	1.24
参数 k	1.503	1.415	1.151	1.031	1.002

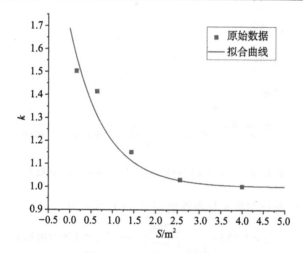

图 4-37　k–S 关系拟合曲线

通过曲线拟合,得到参数 k 与截面积 S 的关系式为

$$k = 1 + 0.69e^{-1.25S} \qquad (4\text{-}34)$$

通过分析可知,当管沟截面边长为 2.0 m 时,管沟截面对于空气压缩的影响已经非常小,拟合得到的参数 k 与爆炸能量 E 的关系即可作为 k–E 计算式。选取长 30 m、截面边长 2.0 m 的管沟,充入不同长度气云。表 4-10 所列为不同工况对应的压缩系数 k,图 4-38 所示为参数 k 与 E 的拟合曲线。

表 4-10　不同工况对应的压缩系数 k

截面边长 D/m	2.0	2.0	2.0	2.0	2.0	2.0	2.0
截面积 S/m^2	4.00	4.00	4.00	4.00	4.00	4.00	4.00
气云长度 l/m	0.1	0.5	1.0	2.0	3.0	4.0	5.0
气云体积 V/m^3	0.4	2.0	4.0	8.0	12.0	16.0	20.0

爆炸能量 E/kJ	1398	6992	13984	27968	41952	55936	69920
测点位置 x/m	1	1	1	1	1	13	16
超压峰值 P/kPa	0.336	2.142	7.16	19.589	21.797	26.525	28.579
参数 k	1.001	1.005	1.029	1.104	1.187	1.240	1.245

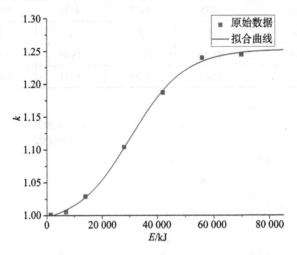

图 4-38　k–S 关系拟合曲线（小尺寸——4.0 m² 截面）

通过曲线拟合，得到参数 k 与爆炸能量 E 的关系式为

$$k = 1.253 - \frac{0.266}{1 + e^{(E - 30\,421)/9\,739}} \quad (E_{\max} \leqslant 100\,000\ \text{kJ}) \tag{4-35}$$

基于小尺寸管沟模拟数据，汇总得到参数 k 与管沟截面积 S、爆炸能量 E 的关系式为

$$k = (1 + 0.69e^{-1.25S}) \left[1.253 - \frac{0.266}{1 + e^{(E - 30\,421)/9\,739}} \right] (E_{\max} \leqslant 10\,000\ \text{kJ}) \tag{4-36}$$

现通过 30 m 长的不同截面管沟在最适气云长度工况下的数据进行验证。表 4-11 所列为不同工况对应的压缩系数 k 和超压峰值 p 的对比，图 4-39 所示为计算结果与模拟结果对比。

表 4-11　不同工况对应的压缩系数 k 和超压峰值 p 的对比

截面边长 D/m	0.4	0.8	1.2	1.6	2.0
截面积 S/m²	0.16	0.64	1.44	2.56	4.00
气云长度 l/m	1	2	3	5	6
测点位置 x/m	4	7	10	13	16
原始峰值 P/kPa	41.283	37.712	33.419	31.789	28.661

计算峰值 P/kPa	53.700	42.552	34.038	33.338	30.912
原始参数 k	1.550	1.415	1.333	1.239	1.213
计算参数 k	1.758	1.506	1.344	1.285	1.258

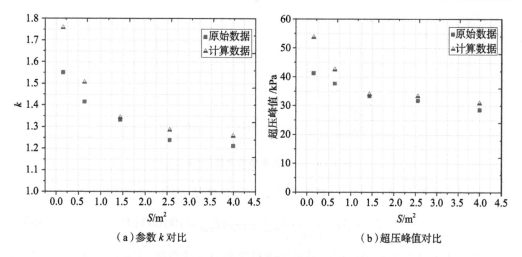

（a）参数 k 对比　　　　　　　　　　（b）超压峰值对比

图 4-39　计算结果与模拟结果对比

通过结果发现,对于截面积特别小的管沟,计算结果偏高,但是对于一般尺寸的管沟,计算结果吻合较好。由于推导参数 k 与能量 E 的关系时,受管沟尺寸影响,能量 E 存在一定的范围,因此它仅适用于长度较小的管沟,可用于部分小尺寸管道试验装置计算。为了运用于实际生活,结合重庆煤科院大型巷道试验数据,拟合出能够用于大尺寸管沟的 k-E 关系式。通过计算,得到该场景下升压段长度 L_1=21 m。表 4-12 所列为不同工况对应的压缩系数 k 和超压峰值 p 的对比,图 4-40 所示为参数 k 与 E 的拟合曲线。

表 4-12　不同工况对应压缩系数 k 与超压峰值 p 的对比

截面积 S/m²	7.2	7.2	7.2
气云体积 v/m³	50	100	200
爆炸能量 E/kJ	174 800	349 600	699 200
测点位置 x/m	21	21	21
原始峰值 P/kPa	66.850	187.444	353.184
计算峰值 P/kPa	67.776	186.965	353.296
原始参数 k	1.949	3.355	4.323
计算参数 k	1.968	3.347	4.325

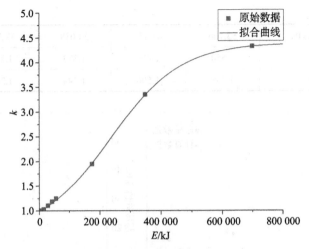

图 4-40 k–E 关系拟合曲线（大尺寸）

通过曲线拟合,得到大尺寸管沟参数 k 与爆炸能量 E 的关系式为

$$k = 4.39 - \frac{3.81}{1+e^{(E-238\,335)/114\,062}} \quad (E_{\max} \geqslant 100\,000\,\text{kJ}) \qquad (4\text{-}37)$$

基于小尺寸管沟模拟数据以及重庆煤科院巷道试验数据,汇总得到大尺寸管沟参数 k 与管沟截面积 S、爆炸能量 E 的关系式为

$$k = (1+0.69e^{-1.25S})\left[4.39 - \frac{3.81}{1+e^{(E-238\,335)/114\,062}}\right](E_{\max} \geqslant 100\,000\,\text{kJ}) \qquad (4\text{-}38)$$

将不同适用范围的计算公式进行汇总,可得汇总的 k–E 关系拟合曲线如图 4-41 所示。

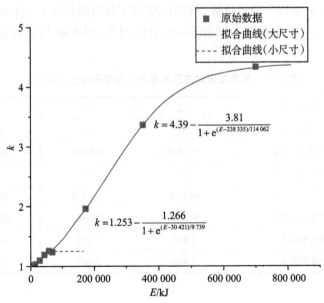

图 4-41 k— E 关系拟合曲线汇总

根据以上计算结果可以得到不同爆炸能量 E 以及管沟截面积 S 对应的参数 k 的值为

小尺寸：

$$k = (1+0.69e^{-1.25S})\left[1.253 - \frac{0.266}{1+e^{(E-30\,421)/9\,739}}\right](E_{\max} \leqslant 100\,000\ \text{kJ}) \qquad (4\text{-}39)$$

大尺寸：

$$k = (1+0.69e^{-1.25S})\left[4.39 - \frac{3.81}{1+e^{(E-238\,335)/114\,062}}\right](E_{\max} \geqslant 100\,000\ \text{kJ}) \qquad (4\text{-}40)$$

4.3.4　端部降压段模型建立

因为端部降压段中开口泄压作用占主导地位，所以距离开口越近，超压峰值下降越快。忽略气云长度对降压趋势的影响，在管沟截面积确定的情况下，分析管沟长度对端部降压段降压趋势的影响，如图 4-42 所示。

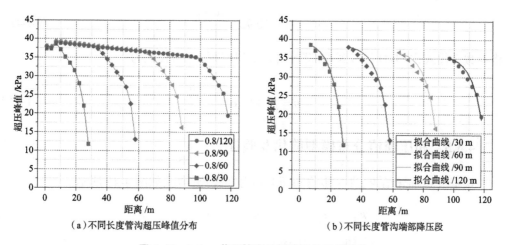

（a）不同长度管沟超压峰值分布　　　　（b）不同长度管沟端部降压段

图 4-42　0.8 m 截面管沟端部降压段降压趋势

由图 4-42 可知，管沟长度对于端部降压段降压趋势的影响较小，通过对端部降压段的超压峰值进行拟合，得

$$p = p_2 + 1 - e^{\frac{x-x_2}{\lambda}} \qquad (4\text{-}41)$$

式中：p_2 为两个降压段分界点 x_2 处的超压峰值，λ 为决定下降趋势的参数。

通过不同截面的超压峰值分布发现，下降趋势参数 λ 随截面积 S 变化而变化，对于长 120 m、不同截面尺寸的管沟，取端部降压段整理对齐并拟合。图 4-43 所示为 5 种截面管沟对应的端部降压段超压峰值分布，图 4-44 所示为参数 λ 与 S 的拟合曲线。

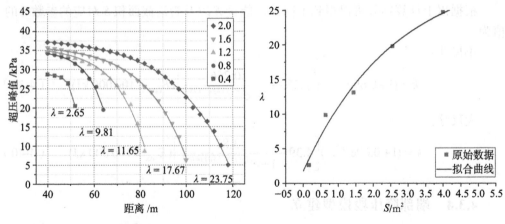

图 4-43　不同截面管沟端部降压段超压峰值分布　　　　图 4-44　$\lambda\text{–}S$ 关系拟合曲线

通过对不同截面的端部降压段进行拟合,确定其下降趋势参数 λ,拟合得到 $\lambda\text{–}S$ 关系为

$$\lambda = 30.92 - \frac{29.11}{\mathrm{e}^{0.38S}} \qquad (4\text{-}42)$$

将参数 λ 代入式(4-41),得到端部降压段的超压峰值分布公式为

$$p = p_2 + 1 - \mathrm{e}^{\frac{x - x_2}{30.92 - \frac{29.11}{\mathrm{e}^{0.38S}}}} \qquad (4\text{-}43)$$

4.3.5　超压峰值分布模型简化及验证

根据公式推导结果,进一步将超压峰值分布模型简化,如图 4-45 所示。

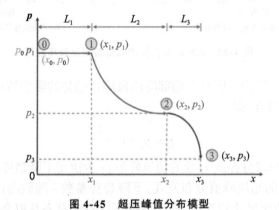

图 4-45　超压峰值分布模型

因为第一段均处于高压水平,所以假定这段区域内的超压峰值均和最大超压峰值相同,各阶段计算公式如下。

第一段：

$$p = p_1 = p_{L_1} (0 \leqslant x \leqslant L_1,\ \ L_1 = 13.3r_B + 1) \tag{4-44}$$

第二段：

$$p = \frac{4kp_0}{c_0} \left[\frac{(k-1)}{(3k-1)\rho_0} \right]^{0.5} \varepsilon^{0.5} r_B^{-0.3} x^{-0.2} (L_1 \leqslant x \leqslant L - L_3) \tag{4-45}$$

小尺寸

$$k = (1 + 0.69\mathrm{e}^{-1.25S}) \left[1.253 - \frac{0.266}{1 + \mathrm{e}^{(E-30\,421)/9\,739}} \right] (E_{\max} \leqslant 100\,000\,\mathrm{kJ}) \tag{4-46}$$

大尺寸

$$k = (1 + 0.69\mathrm{e}^{-1.25S}) \left[4.39 - \frac{3.81}{1 + \mathrm{e}^{(E-238\,335)/114\,062}} \right] (E_{\max} \geqslant 100\,000\,\mathrm{kJ}) \tag{4-47}$$

第三段：

$$p = p_2 + 1 - \mathrm{e}^{\dfrac{x - x_0}{30.92 - \dfrac{29.11}{\mathrm{e}^{0.38S}}}} (L - L_3 \leqslant x \leqslant L)$$

$$L_3 = L \left(0.71 - \frac{0.69}{\mathrm{e}^{0.44S}} \right) \left(\frac{L}{120} \right)^{-\frac{1.29}{S^{0.17}}} \tag{4-48}$$

下面通过重庆煤科院的试验数据进行验证。

巷道的水力半径

$$r_B = \sqrt{\frac{S}{\pi}} = \sqrt{\frac{7.2\,\mathrm{m}^2}{\pi}} = 1.51\,\mathrm{m}$$

升压段长度

$$L_1 = 13.3 \times 1.51\,\mathrm{m} + 1\,\mathrm{m} \approx 21\,\mathrm{m}$$

端部降压段长度

$$L_{3(400\,\mathrm{m})} = 400\,\mathrm{m} \times \left(0.71 - \frac{0.69}{\mathrm{e}^{0.44 \times 7.2\,\mathrm{m}^2}} \right) \left(\frac{400\,\mathrm{m}}{120} \right)^{-\frac{1.29}{(7.2\,\mathrm{m}^2)^{0.17}}} \approx 90\,\mathrm{m}$$

中间降压段公式分别为

$$\Delta p = 124.6 x^{-0.2} (50\,\mathrm{m}^3) \tag{4-49}$$

$$\Delta p = 343.7 x^{-0.2} (100\,\mathrm{m}^3) \tag{4-50}$$

$$\Delta p = 649.5 x^{-0.2} (200\,\mathrm{m}^3) \tag{4-51}$$

计算得到如表 4-13 所列标志点坐标。

表 4-13　超压峰值分布模型的标志点坐标

气云体积 /m³	标志点坐标			
	0	1	2	3
50	（0, 67.78）	（21, 67.78）	（310, 39.56）	（400, 18.45）
100	（0, 186.95）	（21, 186.95）	（310, 109.12）	（400, 88.02）
200	（0, 353.29）	（21, 353.29）	（310, 206.21）	（400, 185.10）

　　计算得到的超压峰值分布与试验结果对比如图 4-46 所示。由图可知,通过简化模型能够较好地预测管沟内的超压峰值分布。

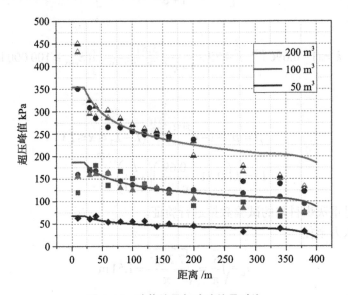

图 4-46　计算结果与试验结果对比

第 5 章　管沟内燃气爆炸冲击波
地面传播规律

为了研究管沟内燃气爆炸产生的冲击波通过泄爆口向管沟外传播的规律,本章基于 FLACS 软件建立典型的城市浅埋管沟数值模型,分析爆炸冲击波向管沟外传播的过程及机理,介绍地面不同位置的超压时程曲线以及超压峰值分布特征;定量分析点火点位置、泄爆口大小、气云长度和管沟截面面积等参数对管沟外冲击波超压峰值传播规律的影响[144]。

5.1　燃气爆炸荷载地面传播规律分析

5.1.1　物理模型

城市管沟通常被浅埋在土壤里,由于铺设的长度较长,为了便于检修和后期维护,每隔一定距离都会设置一个检查井。根据国家标准规定,当管沟高度为 0.8~1.0 m 时,检查井的最大间距为 90 m[145]。在实际试验中建立一段尺寸为 180 m×1 m×1 m 的城市浅埋管沟数值模型,如图 5-1 所示,其中检查井之间的距离为 90 m,检查井上方的盖板为无约束泄爆口,为了研究管沟内的爆炸冲击波通过泄爆口向地面传播的分布规律,在沿检查井 X 轴方向两侧各预留长度为 45 m 的管沟,在沿管沟 Y 轴方向两侧各预留长度为 10 m 的地面,管沟顶部与地面平齐、地面上方空气域的高度为 20 m(见图 5-2)。由于本节的边界条件设为 "PLANE WAVE",因此可以避免反射回来的波对结果的影响。

考虑极端的爆炸情况,假设 A、B 两端检查井之间(90 m×1 m×1 m)填充满体积分数为 9.5 % 的甲烷,点火点位于管沟内 2 个检查井的中心。将环境温度与大气压强分别设置为 20 ℃、100 kPa,将边界条件设置为 "PLANE WAVE",湍流模型采用 k–ε 模型。为排除其他外界因素对管沟可燃气体爆炸的影响,作如下假设:

①爆炸产生的能量不会与管沟进行传热而损失。

②管沟内没有其他障碍物。

③壁面绝对光滑。

④在可燃气体爆炸作用下管沟不发生形变。

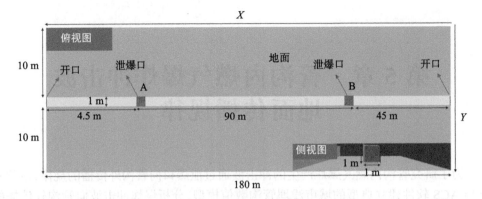

图 5-1　浅埋管沟数值模型

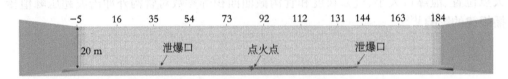

图 5-2　浅埋管沟数值模型的网格分布

在土壤及空气域所在的区域设置核心网格,网格尺寸为 0.2 m,核心区域外伸展系数为 1.2,如图 5-3 所示。在泄爆口上方的空气域中,在沿 X、Y、Z 轴方向上分别设置 14 个测点,用于记录超压时程曲线的变化,由于在泄爆口附近的荷载较大、超压变化幅度较大,因此在尾部开口附近的空气域中测点布置得较密集,在远离开口的空气域中测点布置得较稀疏(具体设置见图 5-3 和表 5-1)。

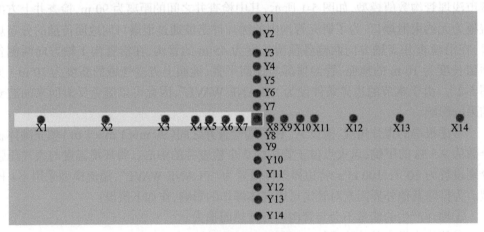

(a)俯视图(XOY 平面)

图 5-3　测点的布置

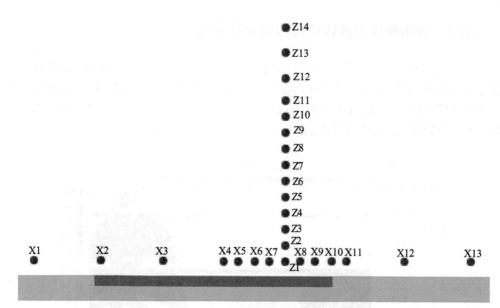

（b）主视图（XOZ 平面）

图 5-3　测点的布置（续）

表 5-1　测点的坐标

X 轴方向		Y 轴方向		Z 轴方向	
编　号	坐　标	编　号	坐　标	编　号	坐　标
X1	（25,0,1）	Y1	（44.5,−10,1）	Z1	（44.5,0,1）
X2	（30,0,1）	Y2	（44.5,−7,1）	Z2	（44.5,0,2）
X3	（35,0,1）	Y3	（44.5,−5,1）	Z3	（44.5,0,3）
X4	（40,0,1）	Y4	（44.5,−4,1）	Z4	（44.5,0,4）
X5	（41,0,1）	Y5	（44.5,−3,1）	Z5	（44.5,0,5）
X6	（42,0,1）	Y6	（44.5,−2,1）	Z6	（44.5,0,6）
X7	（43,0,1）	Y7	（44.5,−1,1）	Z7	（44.5,0,7）
X8	（46,0,1）	Y8	（44.5,1,1）	Z8	（44.5,0,8）
X9	（47,0,1）	Y9	（44.5,2,1）	Z9	（44.5,0,9）
X10	（48,0,1）	Y10	（44.5,3,1）	Z10	（44.5,0,10）
X11	（49,0,1）	Y11	（44.5,4,1）	Z11	（44.5,0,11）
X12	（54,0,1）	Y12	（44.5,5,1）	Z12	（44.5,0,13）
X13	（59,0,1）	Y13	（44.5,7,1）	Z13	（44.5,0,16）
X14	（64,0,1）	Y14	（44.5,10,1）	Z14	（44.5,0,20）

5.1.2 管沟外冲击波传播过程及机理分析

基于管沟在可燃气体爆炸后超压(p)、燃料(fuel)、燃烧产物(prod)参数在二维 *XOZ* 截面上的变化云图(见图 5-4),结合空气域中典型测点(选取 *X*、*Y*、*Z* 轴方向上超压峰值的最大值、最小值及中间值测点)的超压时程曲线特征(见图 5-5),可以将管沟外冲击波的传播大致分为 3 个阶段。

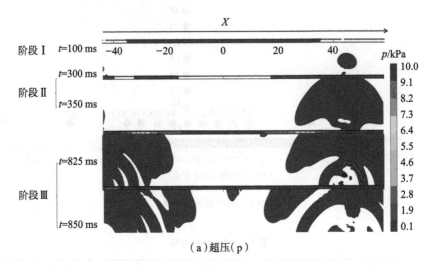

(a)超压(p)

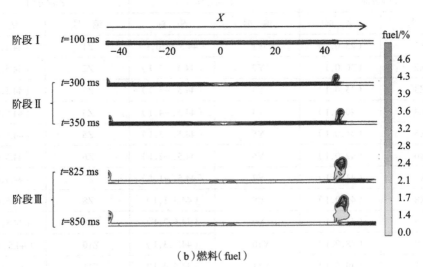

(b)燃料(fuel)

图 5-4 二维分布云图

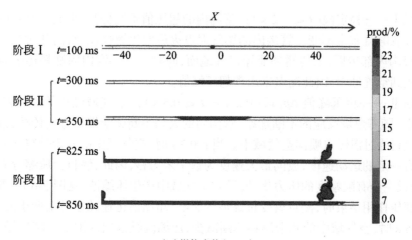

（c）燃烧产物（prod）

图 5-4　二维分布云图（续）

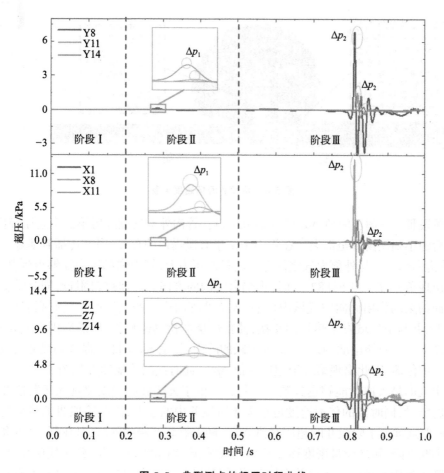

图 5-5　典型测点的超压时程曲线

阶段Ⅰ——稳定段($t < 0.2$ s)：管沟内的超压值不断提高,地面上测点的超压值几乎可以忽略且基本不变。管沟内的燃气遇点火后发生燃烧反应,而此时产生的火焰仅仅在管沟内部传播,未传播到泄爆口和地面,同时由于管沟内的燃料还未通过泄爆口被排放到空气域中,因此测点未出现超压峰值。

阶段Ⅱ——超压峰值 Δp_1 段(0.2 s $< t < 0.5$ s)：空气域经历第一个超压峰值 Δp_1 期间。随着燃烧反应的不断加剧,管沟内的火焰不断朝泄爆口方向传播,推动管沟内残余燃料通过泄爆口喷向空气域中。当 $t=0.3$ s时,空气域中的残余燃料在流场的作用下具有一定的运动速度,波的最大速度为数十米每秒,因此,燃料会压缩分界面处的空气,形成一个有限幅度的压力扰动,导致空气域中产生压缩波(见图5-6)。当空气压缩波的超压作用结束时,测点就受稀疏波的影响,超压值迅速减小乃至低于大气压强。当 $t=0.35$ s时,空气域中的残余燃料不断减少,压缩波继续向周围空气域传播,其强度也逐渐变小直至为零。

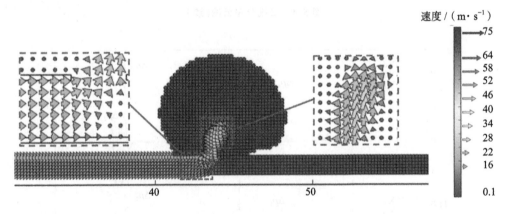

图 5-6　阶段Ⅱ流场速度矢量

阶段Ⅲ——超压峰值 Δp_2 段($t > 0.5$ s)：管沟外空气域经历第二个超压峰值 Δp_2 及之后的小幅振荡直至消失。在管沟中由于有泄爆口的存在,当波传播到泄爆口附近时,管沟内部气体与外部大气之间存在明显的压力差,管沟内部压力能够得到释放,从而会出现负波峰。当 $t=0.825$ s时,火焰沿管沟的方向到达泄爆口附近,同时受管沟尾部壁面约束的作用而向空气域内传播,火焰波阵面产生的燃烧产物具有高温特性(见图5-7),并与空气域发生热量的交换,使得燃烧产物迅速膨胀,压缩周围空气介质,并推动周围空气向外运动,形成了密度突跃的阵面(见图5-8),即该强扰动以冲击波形式在空气中传播,因此出现第二个超压峰值 Δp_2 。此时波的传播速度如图5-9所示,在该阶段中波的最大速度能够达到数百米每秒。由于火焰波的强度要远大于阶段Ⅱ中压缩波的能量,同时波的传播速度也远大于阶段Ⅱ中的速度,因此阶段Ⅲ的最大超压峰值 Δp_2 要远远大于阶段Ⅱ的超压峰值 Δp_1 。随着燃烧产物的膨胀,其压强、密度和运动速度不断下降,随之能量密度逐渐减小,当燃烧产物内的压强下降到大气压强时,火焰波就脱离燃烧产物向前运动并在尾部形成稀疏区。当 $t=0.85$ s时,火焰波不断衰减并大致呈不规则的半球形在空气域中向外传播,在泄爆口两侧沿 Y 轴方向大致呈对称分布,但是在泄爆口两侧沿 X 轴方向并不呈均匀对称分布(见图 5-10),其可能的原因是受空气流场的影响,当火焰传到泄爆口时,偏向于沿火焰传播的方向分布。同时泄爆口附近还有一部分强度较小的残余火焰会向空气域中传播能量较低的火焰波,导致该阶段会出现多峰值波动状,但是随着振荡的进行,超压峰值在逐渐减小。

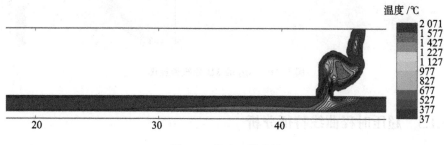

图 5-7　温度二维云图

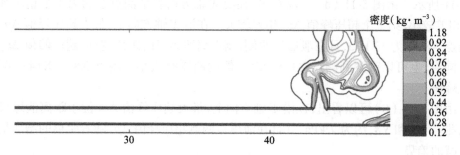

图 5-8　密度场二维云图

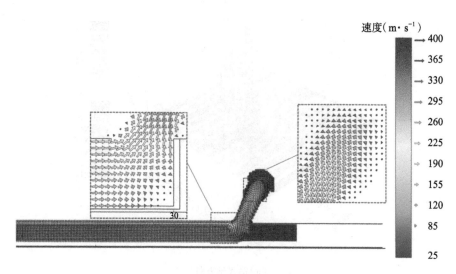

图 5-9　阶段Ⅲ流场速度矢量

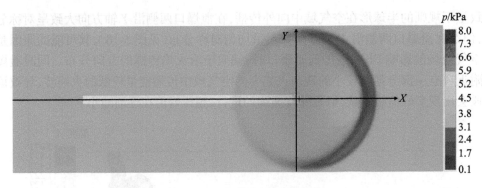

图 5-10 Δp_2 的 3D 分布俯视图

5.1.3   超压时程曲线特征分析

在 3D 坐标系中,选取在 X、Y、Z 轴方向上具有代表性的全过程超压时程曲线,如图 5-11 所示。由图 5-11(a)可以看出,在沿 X 轴方向各个测点上的第 1 个超压峰值 Δp_1 相差较小,第 2 个超压峰值 Δp_2 相差较大。在沿 X 轴方向上,最大超压峰值 Δp_2 位于测点 X8,约为 13 kPa,且在泄爆口两侧,测点离泄爆口的距离越远,超压峰值 Δp_1 越小。同时,也可以观察到测点 X1 ~ X7 一侧的超压峰值小于测点 X8 ~ X14 一侧的超压峰值。

由图 5-11(b)可以看出,在沿 Y 轴方向上,最大超压峰值 Δp_2 位于距离泄爆口最近的测点 Y7 和 Y8,约为 7 kPa,并且在泄爆口两侧超压峰值 Δp_2 随着距离的增加呈对称衰减的趋势。

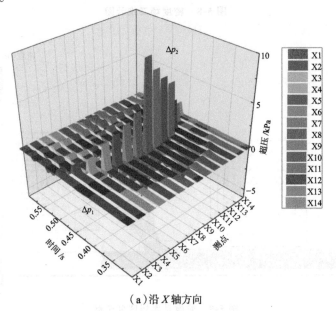

(a)沿 X 轴方向

图 5-11   超压时程曲线

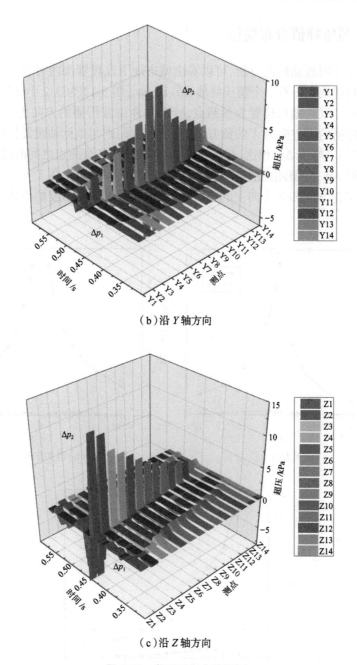

（b）沿 Y 轴方向

（c）沿 Z 轴方向

图 5-11 超压时程曲线（续）

由图 5-11（c）可以看出，在沿 Z 轴方向上，第 2 个超压峰值 Δp_2 的最大值位于测点 Z1，约为 14.5 kPa，且随着测点高度的上升，火焰波在空气域中逐渐衰减导致超压峰值 Δp_2 也逐渐减小。

5.1.4 超压峰值分布规律

通过对超压时程曲线的分析,可以看出城市地下浅埋管沟内可燃气体爆炸冲击波通过泄爆口到达地面后有 2 个超压峰值 Δp_1 和 Δp_2,图 5-12 为这 2 个超压峰值在 X、Y、Z 方向的分布。以泄爆口位置为参照点,管沟内冲击波传播的方向为 X 的正方向,管沟内冲击波传播的反方向为 X 的负方向,Z 和 Y 方向则与坐标轴设置保持一致。由图 5-12 可知,与超压峰值 Δp_2 相比,超压峰值 Δp_1 很小,且各个测点之间的波动幅度不大。对于超压峰值 Δp_2,其值随距泄爆口距离的增加而衰减。同时,在 Y 方向上的超压峰值会明显小于 X 正方向和 Z 方向上的超压峰值,这是由爆炸冲击波的传播具有方向性而引起的。

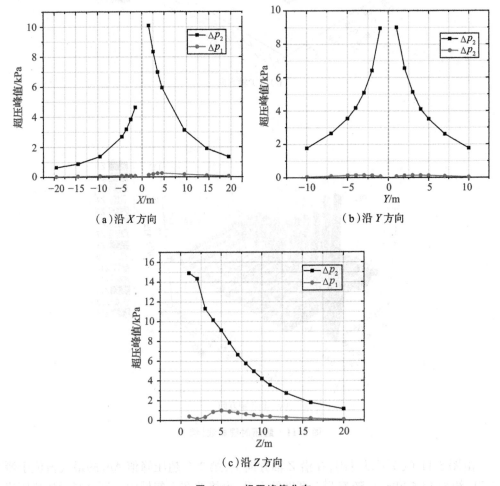

（a）沿 X 方向 （b）沿 Y 方向

（c）沿 Z 方向

图 5-12 超压峰值分布

为进一步分析超压峰值 Δp_2 的衰减规律,参照空气域中超压峰值分布的数据,可以对它们进行非线性曲线拟合,得到测点的超压峰值 Δp_2 和与泄爆口之间的距离 d 大

致满足指数函数型的关系为

$$\Delta p_2 = a - bc^d \qquad (5\text{-}1)$$

式中：a、b、c 为常数。

根据已有测点的数据，通过拟合分别可以得到沿 X、Y、Z 方向上的 $\Delta p_2\text{-}d$ 关系式为

$$\Delta p_2 = \begin{cases} 0.574 + 21.301 \times 0.624^d & （沿 X 正方向） \\ 0.131 + 6.001 \times 0.589^d & （沿 X 负方向） \\ 0.518 + 12.775 \times 0.492^d & （沿 Y 方向） \\ 0.865 + 19.364 \times 0.685^d & （沿 Z 方向） \end{cases} \qquad (5\text{-}2)$$

该拟合公式适用于甲烷体积分数为 9.5 %、盖板为无约束的情况。

将式（5-2）中超压峰值 Δp_2 与距离 d 的指数函数型方程关系作拟合曲线，如图 5-13 所示。可以得到：曲线的拟合质量较为理想，拟合优度均在 98.8% 以上；$\Delta p_2\text{-}d$ 拟合曲线在沿 Z 和 X 正方向上的超压峰值最大，但同时其衰减速度（斜率）也是最大的；$\Delta p_2\text{-}d$ 拟合曲线在沿 X 负方向上的超压峰值最小，其衰减速度（斜率）也是最小的；当测点与泄爆口的距离足够远时，在沿 Z、X、Y 方向上的超压峰值大致相等。

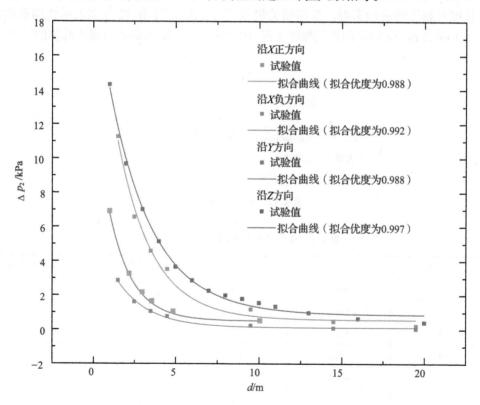

图 5-13 $\Delta p_2\text{-}d$ 关系

5.2 冲击波超压峰值的影响因素分析

由已有研究结果可知,管沟内可燃气体爆炸冲击波通过泄爆口传播到地面的过程可分为稳定段、超压峰值 Δp_1 段、超压峰值 Δp_2 段。由于超压峰值 Δp_1 较小,对地面的影响有限,而超压峰值 Δp_2 大、危险性高,因此本节仅选取超压峰值 Δp_2 作为研究内容,以在空气域中沿 X、Y、Z 方向上布置的测点作为研究对象,用于记录超压峰值 Δp_2 的变化,分析其影响因素。

管沟的数值模型示意图如图 5-14 所示,其中 L 代表泄爆口之间的距离,l 代表气云的长度,D 代表正方形泄爆口的边长。分别研究点火位置、泄爆口大小、气云长度和管沟截面面积这 4 个因素的影响,模拟工况如表 5-2 所列。工况 1 ～ 4 的点火点分别位于管沟内部 4/8 L(点火点 1)、5/8 L(点火点 2)、6/8 L(点火点 3)、7/8 L(点火点 4)处,用以研究点火位置对超压峰值的影响。在实际管沟中,雨水井是为日常检修预留的孔口,将工况 1、5 和 6 的泄爆口边长 D 分别设置为 1.0 m、0.8 m 与 0.6 m,用以研究泄爆口大小对超压峰值的影响。气体爆炸的强度与气体量的大小紧密相关,工况 1、7 ～ 10 分别表示气云长度 l 为 90 m、60 m、40 m、20 m 和 10 m 的燃气爆炸工况,用以研究气云长度对超压峰值的影响。参照相关规范[146],工况 1、11 和 12 分别表示管沟截面面积为 1 m²、2 m² 和 3 m² 的燃气爆炸工况,用以研究管沟截面面积对超压峰值的影响。

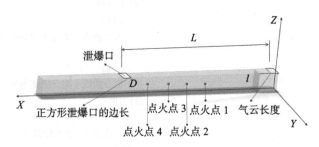

图 5-14　数值模型示意图

表 5-2　管沟可燃气体爆炸数值模拟工况

工　况	点火位置	气云长度 /m	截面面积 /m²	泄爆口边长 /m
1	4/8 L	90	1	1.0
2	5/8 L	90	1	1.0
3	6/8 L	90	1	1.0
4	7/8 L	90	1	1.0
5	4/8 L	90	1	0.8
6	4/8 L	90	1	0.6
7	4/8 L	60	1	1.0
8	4/8 L	40	1	1.0

工况	点火位置	气云长度 /m	截面面积 /m²	泄爆口边长 /m
9	4/8 L	20	1	1.0
10	4/8 L	10	1	1.0
11	4/8 L	90	2	1.0
12	4/8 L	90	3	1.0

5.2.1 点火位置的影响

图 5-15（a）、（b）所示分别为当在不同的点火位置点火时,在 X 和 Y 方向上的超压峰值分布,其中红色虚线表示泄爆口所在位置。可以发现,当点火点位于 4/8 L 时超压峰值最大,而当点火点位于 7/8 L 时超压峰值最小;在泄爆口两侧沿 Y 方向上超压峰值大致呈对称衰减的趋势,但是在泄爆口两侧沿 X 方向上超压峰值呈不对称衰减的特征。

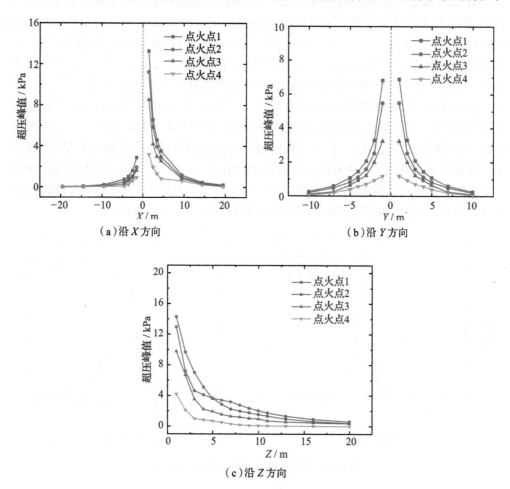

（a）沿 X 方向 （b）沿 Y 方向

（c）沿 Z 方向

图 5-15 不同点火位置时的超压峰值分布

在 Z 方向上,超压峰值随高度的上升而逐渐减小(见图 5-15(c))。当 $Z < 5$ m 时,工况 1 中超压峰值最大;当 $Z > 5$ m 时,工况 2 中超压峰值最大,这是由于空气流场的带动,在泄爆口上方有大量的残余燃料,当火焰锋面传播到泄爆口上方时,残余燃料与火焰波阵面接触后会继续燃烧,此时部分火焰已传递到泄爆口上方约 5 m 处,因此导致此处的超压峰值衰减较慢。而工况 1 中,由于燃料受空气流场的影响被大量排到泄爆口上方区域,而此时火焰波阵面仅传播到管沟内部,因此泄爆口上方的残余燃料并没有参与燃烧而是仅被气流推动到空气域中,在泄爆口上方测点的超压峰值呈快速衰减的趋势。因此,在 $Z = 5$ m 的分界点处,工况 2 的超压峰值出现反超的情况。而对于工况 4,在 Z 方向上的超压峰值始终最小,可能的原因是当处于该点火位置时,燃料参与燃烧反应的量较小,导致火焰波传播到泄爆口处的能量也较低,超压峰值偏小。

5.2.2　泄爆口大小的影响

图 5-16 所示为在不同的泄爆口面积下,测点的超压峰值分布情况。在沿 X 负方向上,各工况之间的超压峰值相差较小,不超过 10%;而在沿 X 正方向上,当 $D = 0.8$ m 时,测点的超压峰值最大。在沿 Y 方向上,当 $D = 0.8$ m 时,泄爆口处的超压峰值达到 7.8 kPa,分别比当 $D = 0.6$ m 和 $D = 1.0$ m 时的超压峰值大 12.2%、29.3%。这是由于 X、Y 方向的超压峰值主要受内部爆炸荷载大小、爆炸波从泄爆口传出角度 2 个因素的影响。随着泄爆口尺寸的增大,在泄爆作用下,一方面内部爆炸荷载随之减小,两者呈负反馈机制;另一方面爆炸波传播方向更偏向地面,对于 X、Y 方向的超压是正反馈机制。因此,在两者的共同作用下,X、Y 方向的超压峰值与泄爆口大小之间并不呈规律性变化。而在沿 Z 方向上,当 $D = 0.6$ m 时的超压峰值最大,这是由于沿 Z 方向的超压峰值主要受内部爆炸荷载的影响,随着泄爆口尺寸的减小,对应的超压峰值增大,同时受泄爆口的约束作用,它向空气域传播的方向也更偏向于沿 Z 方向传播。

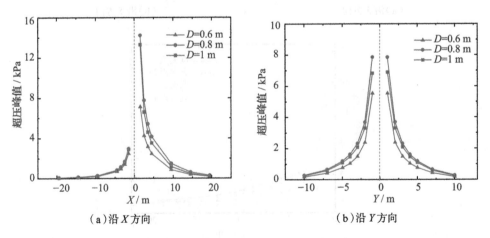

（a）沿 X 方向　　　　　　　　　　（b）沿 Y 方向

图 5-16　不同泄爆口面积的超压峰值分布

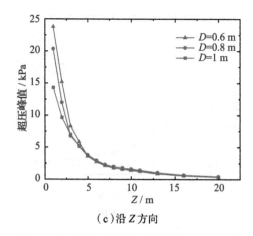

（c）沿 Z 方向

图 5-16　不同泄爆口面积的超压峰值分布（续）

5.2.3　气云长度的影响

由图 5-17 可知，测点的超压峰值受管沟内气云长度 l 的影响。当气云长度为 90 m 时超压峰值最大，而当气云长度为 10 m 时超压峰值最小。当气云长度为 60 m 及 40 m 时的超压峰值与当气云长度为 90 m 时的相差不大。这说明在气云达到一定长度后，继续增大，气云长度对超压峰值的影响不大。可能的原因是管沟内参与燃烧反应的气云量有限，未能参与反应的气云只能通过泄爆口被排放到空气域中稀释，而并未参与到燃烧反应中，对超压峰值的影响有限。

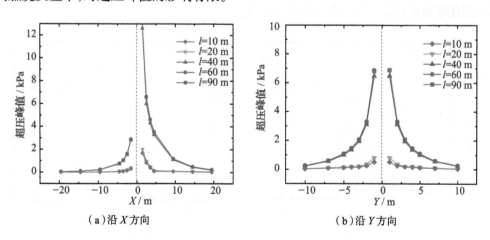

（a）沿 X 方向　　　　　　　　　　　（b）沿 Y 方向

图 5-17　不同气云长度下的超压峰值分布

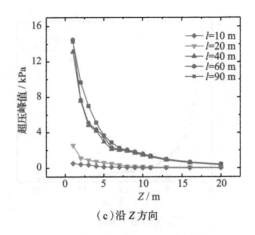

（c）沿 Z 方向

图 5-17　不同气云长度下的超压峰值分布（续）

5.2.4　截面面积的影响

由图 5-18 可知,当管沟横截面面积 S 增大到 2 倍时,沿 X、Y、Z 方向上的最大超压峰值分别增大到 3.3、4.6 和 4.8 倍;而当管沟横截面面积增大到 3 倍时,沿 X、Y、Z 方向上的最大超压峰值分别增大到 4.8、7.7 和 6.9 倍。这是由于当管沟横截面面积增大时,管沟内参与燃烧反应的气云量增加,加剧了燃气爆炸的反应程度,使得测点处的超压峰值变大。当管沟横截面面积变化时,沿 Y、Z 方向的超压峰值变化更为敏感,这是由于冲击波在管沟内沿 X 方向有限距离传播,而传播到泄爆口后进入无限空气域中,因此管沟横截面面积的影响会相对弱化。

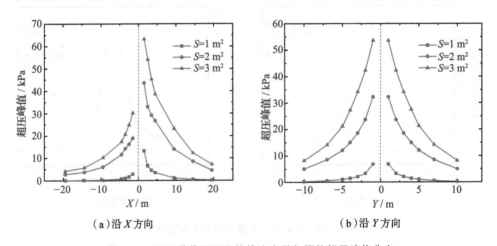

（a）沿 X 方向　　　　　　　　　　（b）沿 Y 方向

图 5-18　不同横截面面积的管沟内燃气爆炸超压峰值分布

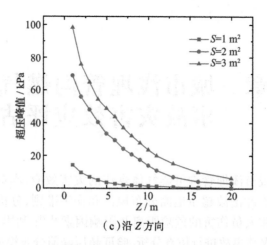

（c）沿 *Z* 方向

图 5-18 不同横截面面积的管沟内燃气爆炸超压峰值分布（续）

第6章 城市浅埋管沟燃气爆炸事故灾害效应评估

为系统地评估城市浅埋管沟可燃气体爆炸的灾害效应,本章基于第5章模拟的管沟内可燃气体爆炸冲击波超压地面分布规律和伤害准则,分析城市浅埋管沟燃气爆炸对建筑物破坏和人员伤害的危险距离及影响因素[147];利用 FLACS 软件对青岛"11·22"输油管道爆炸事故进行仿真分析,验证超压峰值分布模型的可靠性。

6.1 管沟燃气爆炸灾害效应评估

6.1.1 伤害准则介绍

当发生地下管沟内可燃气体爆炸事故时,在泄爆口附近的人员和建筑物都有可能遭受到不同程度的伤害与破坏。在管沟外,空气与燃料在燃烧阵面处发生剧烈的反应产生火焰,火焰阵面的温度范围为 1 800 ~ 2 600 K,因此,火焰对人员和建筑物的危害形式主要是热辐射,在危险范围内的人员和建筑物会受到火焰热辐射的影响[148]。通过 5.1.2 小节管沟外爆炸冲击波发展过程的机理分析可知,火焰产生的高温热辐射的影响范围仅局限于泄爆口上方一小部分区域,管沟外部绝大部分区域并未受到高温热辐射的作用。相比火焰的热辐射,爆炸冲击波通过泄爆口传到地面的影响范围较广,因此,本节主要介绍冲击波的灾害效应。目前,冲击波的伤害准则主要有超压准则、冲量准则、超压 – 冲量准则等[149]。

1. 超压准则

在超压准则中,冲击波超压值的大小是评估人员和建筑物是否受到伤害与破坏的唯一评判标准。当冲击波超压 Δp 超过某一阈值时,会对目标造成一定的伤害,且阈值不同,造成的伤害程度也不同;而当冲击波超压没有达到阈值时,则不会对目标造成相应的破坏。超压准则也有其适用范围,表达式为

$$\omega T^+ > 40 \tag{6-1}$$

式中: ω 为与目标构件自振相应的角频率,单位为 s^{-1}; T^+ 为冲击波正压作用时间,单位为 s。

冲击波超压对建筑物的影响(见表 6-1)可以参照化工安全的行业标准[131]。由

表 6-1 可知,超压值为 2.07 kPa 所对应的范围可被认为是安全距离的临界值,当超压值小于该值时可以认为建筑物处于安全区,而当超压值大于该值时,建筑物可能会遭到相应的不同程度的破坏;当超压值为 6.9 kPa 时,房屋会遭到破坏,需要进行小修后才能继续居住,可以认为超压值为 2.07 ~ 6.9 kPa 所对应的范围是轻度破坏区;当超压值达到 34.5 kPa 时,房屋会遭到严重的破坏,因此,可以认为超压为 6.9 ~ 34.5 kPa 所对应的范围是中度破坏区;超压值大于 34.5 kPa 所对应的范围是重度破坏区。

表 6-1 冲击波超压对建筑物的影响

超压 /kPa	影 响	区 域
0.14	出现噪声	安全区
0.21	疲劳的大玻璃可能破碎	
0.69	处于应变状态的小玻璃可能破裂	
1.03 ~ 2.07	玻璃破碎	
2.07	屋顶被破坏	轻度破坏区
3.4 ~ 6.9	窗户遭到破坏,窗户框架可能会遭到破坏	
6.9	房屋遭到破坏,不能居住	中度破坏区
9	钢构件出现轻微形变	
13.8	墙面和屋顶局部会出现坍塌	
20.7 ~ 34.5	钢结构的建筑出现大变形	
34.5 ~ 48.2	房屋严重损坏	重度破坏区
68.9	建筑物全部遭到破坏	

根据爆炸造成的人员伤亡概率的不同,可以将爆炸危险源的中心从内向外依次划分为死亡区、重伤区、轻伤区、安全区[150]。表 6-2 所列为不同的冲击波超压对人员的伤害等级的划分[151]。当冲击波超压峰值达到 75 kPa 时,在没有任何防护的情况下,人员会受重伤甚至死亡,该区域可被认为是死亡区;当冲击波超压峰值为 45 ~ 75 kPa 时,在没有任何防护的情况下,相当一部分人员(50%)会受重伤,少数人死亡或轻伤,该区域可被认为是重伤区;当冲击波超压峰值为 10 ~ 45 kPa 时,大部分人员会受轻伤,极少数人(1%)会受重伤,死亡的可能性很小,该区域可被认为是轻伤区;当冲击波超压峰值小于 10 kPa 时,人员不会受到冲击波的伤害,此区域为安全区。

表 6-2 冲击波超压对人员的影响

超压峰值 /kPa	伤害等级	区 域
> 75	死亡	死亡区
45 ~ 75	50% 重伤率	重伤区
25 ~ 45	1% 重伤率	轻伤区
10 ~ 25	轻伤	
< 10	安全	安全区

2. 冲量准则

在实际情况中,伤害效应不仅仅局限于冲击波超压峰值的大小,还和超压作用的持续时间有关。在某些情况下,超压峰值并不是很大,但是由于超压作用时间较长,往往也会造成较为严重的破坏,因此有些学者提出用冲量来评估冲击波的灾害效应,其公式为

$$I = \int_0^{T^+} p(t)\mathrm{d}t \qquad (6\text{-}2)$$

式中:I 为冲量,单位为 Pa·s;$p(t)$ 为作用于目标的瞬时超压,单位为 Pa。

冲量准则认为,I 须达到临界值以上才能对目标造成相应等级的伤害,而当 I 没有达到该值时,无论超压值有多大,也不会对目标造成伤害。因此,冲量准则的计算式为

$$\omega T^+ < 0.4 \qquad (6\text{-}3)$$

目前,美国国防部在统一设施标准[152]中根据冲量准则给出了人员的伤害标准。当爆炸冲击波伤害的持续时间达到 3 ~ 5 ms 时,对人体的伤害程度如表 6-3 所列。

表 6-3　爆炸冲击波对人体的伤害影响(持续时间 3 ~ 5 ms)

对人体的伤害	伤害程度	有效超压 /kPa
鼓膜破裂	不破裂	34.4(阈值)
	50% 破裂	103.3
肺部受伤	不受伤	206.1 ~ 275.7(阈值)
	50% 受伤	551.5
死亡	不死亡	688 ~ 827.5(阈值)
	50% 死亡	897 ~ 1 242
	100% 死亡	1 378 ~ 1 724

3. 超压—冲量准则

美国于 20 世纪 70 年代提出了超压 - 冲量准则,该准则综合考虑了目标性质、损伤等级、冲击波超压和冲量这 4 个参数,认为对目标的伤害或破坏效应的评估应该综合考虑超压和冲量。表 6-4 所列为不同的超压和冲量组合对人员伤害和建筑物破坏的影响,只有当两者的组合达到某一临界值时才会对目标造成相应的伤害或破坏,其表达式为

$$(P - P_\sigma)(I - I_\sigma) = C \qquad (6\text{-}4)$$

式中:p_σ 为临界超压,单位为 Pa;I_σ 为临界冲量,单位为 Pa·s;C 为常数,与目标的性质有关。

表 6-4　不同的超压和冲量组合对人员伤害和建筑物破坏的影响

对人员的伤害和建筑物的破坏		伤害 / 破坏程度	超压 /kPa	冲量 /Pa·s
人员	鼓膜破裂	不破裂	34.4（阈值）	
		50% 破裂	103.3 ~ 138	
	肺部受伤	不受伤	83 ~ 103（阈值）	16 600 ~ 21 000（阈值）
		严重	255	51 000
	肺出血	不出血	255 ~ 359（阈值）	51 000 ~ 72 000（阈值）
		50% 出血	359 ~ 497	72 000 ~ 99 000
		100% 出血	497 ~ 690	99 000 ~ 138 000
建筑物破坏		重度破坏	35	13 000
		中度破坏	28	11 000
		轻度破坏	12	6 000

　　通过前文对空气域中超压及冲量峰值分布的分析可知,空气域中的冲量峰值 I_2 远小于超压 – 冲量准则中的参考值,空气域中的超压峰值 Δp_2 也小于冲量准则中的参考值,因此,利用冲量准则和超压 – 冲量准则评估管沟内爆炸冲击波对空气域中人员和建筑物的伤害或破坏程度的借鉴意义不大。国内外学者对超压准则作了大量的研究,目前其应用已比较成熟,因此,本节选用超压准则来评估管沟内的爆炸冲击波传播到地面后对人员伤害和建筑物破坏的危险距离。冲击波超压对建筑物的影响可以参照化工安全的行业标准,如表 6-1 所列。本节分别以 2.07、6.9、34.5 kPa 作为爆炸冲击波超压造成建筑物轻度破坏、中度破坏和重度破坏的临界值。

6.1.2　燃气爆炸冲击波危险距离评估

1. 冲击波对建筑物破坏的危险距离

　　图 6-1 所示为当 $Y=0$ 时,沿 XOZ 方向爆炸冲击波对建筑物破坏区域的剖面图,蓝色部分表示轻度破坏区域,红色部分表示中度破坏区域,绿色部分表示重度破坏区域。由于爆炸冲击波的能量有限,因此在地面上并没有出现重度破坏区域。由图 6-1 可知,轻度、中度破坏区域的空间形状并不规则,且轻度破坏区域比中度破坏区域要大得多。

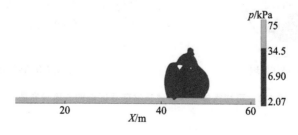

图 6-1　可燃气体爆炸对建筑物破坏区域的剖面图

为了能定量分析爆炸冲击波对建筑物造成破坏的最大危险距离,汇总了不同高度处建筑物破坏区域的二维分布图(见图6-2)以及最大危险距离,图中蓝色部分为轻度破坏区域,红色部分为中度破坏区域。中度及轻度破坏区域与高度Z有关,当$Z > 7$ m时,随着爆炸冲击波的衰减,并没有出现中度破坏(见图6-2(a)),随后将其各自的等值线投影到XOY平面(见图6-2(b))。

通过计算可知,当$Z=3$ m时,中度破坏区域的范围最大,因此,为了得到最大危险距离,画出该高度下中度破坏的等压力伤害线(见图6-3)。可知,等压力伤害线上的点离泄爆口的距离互不相等,由于它沿Y轴对称分布,因此当$Y=0$时,等压力伤害线与X轴正方向的交点的距离为3.4 m,为中度破坏的危险距离。当确定安全范围时,需把不确定因素考虑在内,因此危险范围可以扩大为以泄爆口为圆心、半径为3.4 m的圆形区域。同理,当$Z=3.5$ m时,轻度破坏区域的范围达到最大,该危险距离为7.5 m。

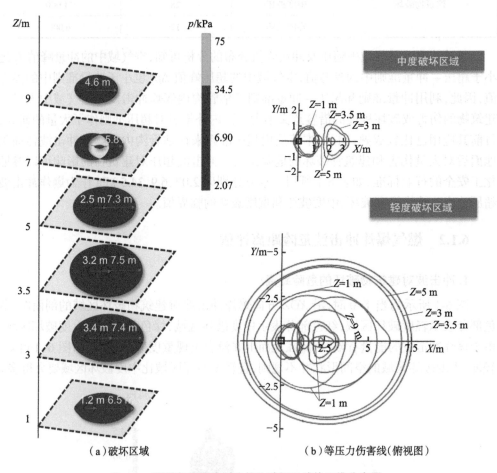

(a)破坏区域   (b)等压力伤害线(俯视图)

图6-2 可燃气体爆炸对建筑物破坏区域的二维分布图

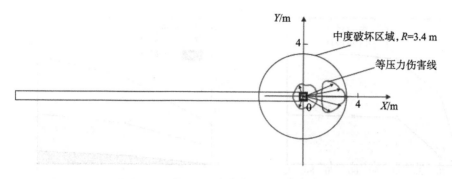

图 6-3　中度破坏危险范围示意图

建筑物破坏的危险距离如图 6-4 所示,橙色部分为轻度破坏区域,绿色部分为中度破坏区域,红色部分为重度破坏区域,其余部分为安全区域。图 6-4(a)所示为点火位置与危险距离的关系,对于任一点火位置,轻度破坏的危险距离比中度和重度破坏的要大。当点火点位于管沟 4/8 L 处时,轻度破坏和中度破坏的危险距离最大,分别为 7.0 m 和 2.8 m。而当点火点位于管沟 7/8 L 处时,中度破坏和轻度破坏的危险距离为 0 m。

图 6-4(b)所示为管沟泄爆口大小与危险距离的关系。当泄爆口边长在 0.6 ~ 1.0 m 时,中度破坏和轻度破坏的危险距离分别在 3 ~ 4 m、5 ~ 9 m,幅度波动不大。其中当泄爆口的边长为 0.8 m 时,轻度破坏及中度破坏的危险距离最大,分别为 8.6 m 和 3.9 m;而当泄爆口边长为 0.6 m 时,轻度破坏及中度破坏的危险距离最小,分别为 5.2 m 和 3.1 m。

图 6-4(c)所示为气云长度对危险距离的影响。由图中可知,气云长度越长,危险距离就越大;但在气云达到一定的长度后,危险距离基本保持不变。

图 6-4(d)所示为管沟截面面积对危险距离的影响。从图中可知,当管沟的截面面积越大时,轻度破坏和中度破坏的危险距离也越大。当截面面积为 2 m^2 时,建筑物出现了重度破坏,其危险距离为 1.5 m;而当管沟截面面积为 3 m^2 时,重度破坏危险距离达到 2.4 m。

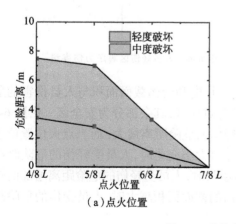

（a）点火位置

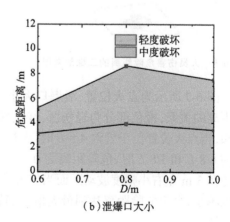

（b）泄爆口大小

图 6-4　建筑物破坏的危险距离

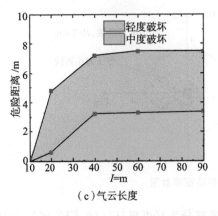

（c）气云长度

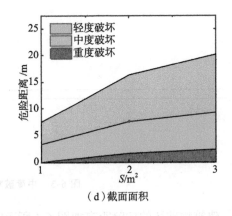

（d）截面面积

图 6-4　建筑物破坏的危险距离（续）

2. 冲击波对人员伤害的危险距离

汇总不同高度处人员伤害危险距离的二维剖面图并得到最大危险距离，如图 6-5 所示，图中红色部分为人员轻伤区。可以得到，在地面上并没有出现人员的重伤区和死亡区。由于在不同高度下的人员轻伤区具有不同的危险区域，因此可以得到它所对应的等压力伤害线，如图 6-6 所示。当 $Z=2.9$ m 时，危险距离达到最大值 3.2 m。

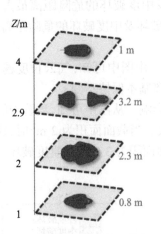

图 6-5　人员伤害危险距离的二维剖面图

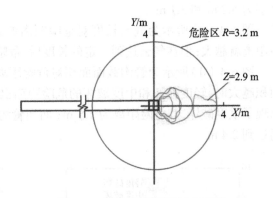

图 6-6　人员轻伤区等压力伤害线

图 6-7 所示为点火位置、泄爆口大小、气云长度和管沟截面面积与人员伤害的危险距离的关系，橙色部分为轻伤区，红色部分为重伤区，其余部分为安全区。由图 6-7 可知，当点火位置位于管沟 4/8 L 时，人员受轻伤的危险距离最大；而当点火位置位于管沟 6/8 L 和 7/8 L 时，危险距离为 0。当泄爆口大小变化时，人员受轻伤的危险距离始终在 3 m 左右小幅度波动。而当气云长度越长时，人员受轻伤的危险距离增加的幅值也越小，直至危险距离达到最大值。当管沟的截面面积越大时，人员受伤的危险距离也越大。

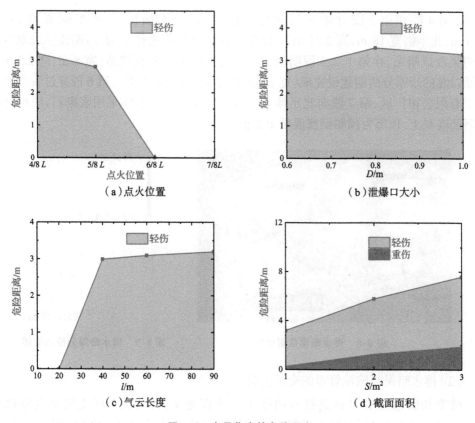

（a）点火位置　　　　　　　　（b）泄爆口大小

（c）气云长度　　　　　　　　（d）截面面积

图 6-7　人员伤害的危险距离

6.2　青岛"11·22"原油泄漏爆炸事故

2013 年 11 月 22 日 10 时,青岛市黄岛区某石油公司的输油管道原油泄漏流入市政排水暗渠,积聚在排水暗渠中的原油挥发形成可燃气体而发生爆炸。事故共造成 62 人遇难、136 人受伤,直接经济损失达 7.5 亿元 [5]。

6.2.1　爆炸事故概况

1. 爆炸管沟概况

（1）排水暗渠分布

排水暗渠位于青岛市黄岛区老城区,沿斋堂岛街修建,用于解决城区排水问题。它大致沿南北走向,从新建石油护岸以南,到刘公岛路以北,中间穿过秦皇岛路,全长共1 945 m,如图 6-8 所示。暗渠工程共耗时 5 年,分 7 段建设,暗渠分段如图 6-9 所示,第 1 段~第 7 段暗渠的长度分别为 252 m、143 m、140 m、30 m、25 m、355 m、1 000 m。

其中,第4段和第5段分别穿过秦皇岛路的南、北半幅桥涵(南半幅宽18 m、高3.29 m,北半幅宽18 m、高2.87 m)。暗渠建设初期为明渠排水沟,后期按照规划将排水明渠改成暗渠,在第1、2、3段明渠上方经过3次加设盖板改造(宽8 m、高2.5 m)。桥涵以北的暗渠分两期建设完成(宽13 m、高2.0～2.5 m不等),第6段穿过青岛丽东化工有限公司厂区,第7段向北延伸至入海口。排水暗渠墙体采用浆砌石,底板材料为钢筋混凝土,顶部为预制钢筋混凝土盖板。

图6-8 排水暗渠位置分布

图6-9 排水暗渠分段示意图

(2)排水暗渠与输油管道的交叉情况

暗渠和管道在秦皇岛路桥涵的南半幅垂直交叉,管道由3座支墩架空穿越暗渠交汇,部位通过细石混凝土进行封堵。管道与暗渠顶板和底板之间的净空分别为110 cm、148 cm,如图6-10所示。

图6-10 斋堂岛街与秦皇岛路丁字路口管沟布置

(3)输油管道

东黄输油管道建于1985年,1986年投入使用。管道全长248 km,干线管径711 mm。

管道内的原油成分为埃斯坡、罕戈 1:1 混合油,易燃易爆,饱和蒸汽压为 13.1 kPa,油品密度为 0.86 t/m³,油气爆炸极限为 1.76%～8.55%。管道输送原油的出站温度为 27.8 ℃、出站压强为 4.67 MPa。

2. 现场勘查情况

（1）直接原因

输油管道与排水暗渠的交汇处严重腐蚀,管道破裂后原油泄漏,泄漏点位置如图 6-11 所示。泄漏点在管道正下方,距秦皇岛路桥涵东墙外侧 15 cm。原油泄漏至暗渠后挥发出油气,在暗渠空间中形成了易燃易爆的油气－空气混合气体。当工作人员在处置泄漏管道时,液压破碎锤与盖板之间产生撞击火花,引爆暗渠内积聚的油气,如图 6-12 所示。

图 6-11   泄漏点位置示意图   图 6-12   爆炸点位置示意图

（2）灾区概况

从原油泄漏至发生爆炸大约 8 h,原油泄漏量约 2 000 t。由于海水倒灌,导致泄漏的原油以及油气混合气体大面积扩散、蔓延、积聚。根据技术组现场勘查及调查,现场地面泄漏原油通过斋堂岛街向南流淌约 180 m,现场流淌面积约为 1 000 m²,因此,爆炸发生后破坏范围广,破坏作用强。图 6-13 为原油泄漏范围示意图。

图 6-13   原油泄漏范围示意图

爆炸造成暗渠主线的大部分预制混凝土盖板被炸开,距离较远的支线也出现了现浇混凝土盖板拱起、开裂和局部被炸开等破坏现象,全长波及 5 000 余米,入海口处形成明显火焰,暗渠不同部位破坏现场如图 6-14 所示。爆炸产生的冲击波及飞溅物造成现场 62 人死亡、136 人受伤。周边多处建筑物、车辆以及设备也受到不同程度损坏,供水、供电、供暖、供气多条管线受损。

图 6-14　暗渠不同部位破坏现场

6.2.2　事故仿真模型

基于实际爆炸场景,选取刘公岛路与入海口之间的管沟为爆炸主体,总长度 1 945 m,大体分为 3 段管沟,第 1 段和第 3 段平行,第 2 段分别垂直于另外两段管沟,如图 6-15 所示。图中黄色管沟部分为气云填充区域,爆炸点左侧至入海口的管沟内全部填充气云,沿刘公岛路方向填充 180 m 气云。根据事故调查报告可知,泄漏的原油在涵道内挥发的可燃气体成分以甲烷为主[153]。图 6-16 所示为管沟细节尺寸设置,根据实际结构尺寸将管沟设置为多通道管沟,将管沟整体高度设置为 2.5 m。

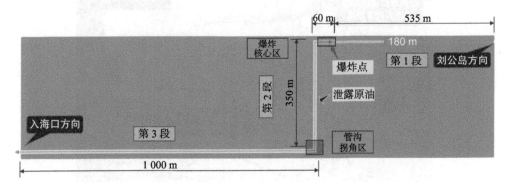

图 6-15　仿真模型

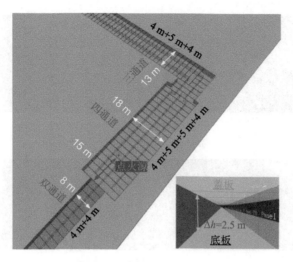

图 6-16　管沟细节尺寸设置

6.2.3　仿真结果验证及分析

通过勘察发现,管沟内的隔板基本未被破坏,除了管道交汇处发生小范围破坏以外,其他部分管沟仅盖板被掀翻或拱起 [5]。参照《危险化学品生产装置和储存设施外部安全防护距离确定方法》(GB/T 37243——2019)[154] 给出的超压准则(当爆炸超压大于 76 kPa 时,钢筋混凝土盖板被完全破坏;当超压处于 55 ～ 76 kPa 时,钢筋混凝土盖板被严重破坏,出现大于 2 mm 的裂纹;当超压小于 55 kPa 时,盖板破坏程度较轻,修复后可继续使用),因此,将钢筋混凝土盖板能够承受的最大超压设置为76 kPa[154]进行模拟。图 6-17 为不同时刻的爆炸场景: 蓝 / 绿色为爆炸超压,颜色越深表示对应的值越大;白 / 红色为爆炸火焰。

(a)1.0 s

(b)3.0 s

图 6-17　爆炸火焰及超压传播过程

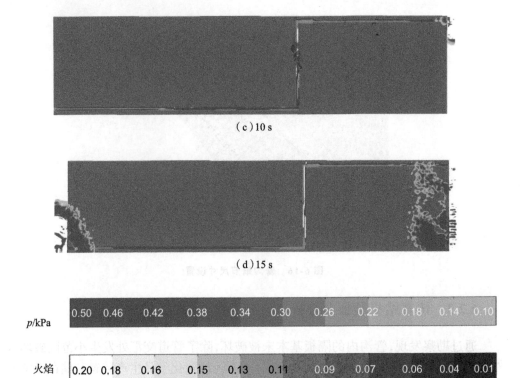

（c）10 s

（d）15 s

| p/kPa | 0.50 | 0.46 | 0.42 | 0.38 | 0.34 | 0.30 | 0.26 | 0.22 | 0.18 | 0.14 | 0.10 |

| 火焰 | 0.20 | 0.18 | 0.16 | 0.15 | 0.13 | 0.11 | 0.09 | 0.07 | 0.06 | 0.04 | 0.01 |

图 6-17　爆炸火焰及超压传播过程（续）

通过不同时刻的爆炸场景可以发现，当爆炸压力超过最大承受压力时，爆炸波直接破坏顶部盖板从而释放到地面。1.0 s 时爆炸核心区的顶部盖板全部被破坏，内部火焰从管沟喷射到空中。爆炸波沿着两侧管沟迅速传播，3.0 s 时两侧近 100 m 范围内的管沟盖板都被破坏。随着第 1 段管沟内的燃料逐渐被消耗，10 s 时管沟中的爆炸火焰在空中消散。盖板被破坏后的泄压作用比较明显，内部压强迅速下降，第 2 段管沟的破坏速度明显减慢。15 s 时，由于盖板被破坏后的爆炸空间相对开阔，爆炸压力偏小，剩余气体的爆炸强度不足以完全破坏管沟盖板，因此爆炸火焰在未破坏的管沟内继续传播而未喷射出地表。根据内部超压大小对爆炸破坏范围进行划分，如图 6-18 所示。

可以看出，模拟的爆炸破坏范围与实际情况大致吻合。爆炸核心区超压达到 125 kPa，盖板全部被破坏，爆炸火焰从其中得到释放。第 1 段管沟 345 m 范围内的最大超压超过了 76 kPa，还有 150 m 长范围的管沟受到严重破坏。第 2 段管沟前 300 m 范围内的超压超过了 76 kPa，剩余 50 m 的超压也达到了 70 kPa，整段管道的盖板基本被完全破坏。在爆炸波的压缩作用下，拐角区域的超压达到了 90 kPa，盖板也被完全破坏，部分燃料从中泄漏至地表。由于第 2 段管沟盖板被破坏以后，爆炸压力得到释放，因此第 3 段管沟仅前 210 m 范围的超压达到 55 kPa，但不足以完全破坏盖板。

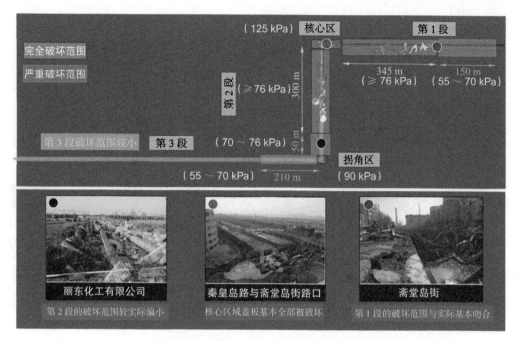

图 6-18　管沟爆炸破坏范围示意图

6.2.4　荷载分布模型应用

因为该场景下的管沟为明改暗工程,顶部盖板直接加盖于明沟之上,所以爆炸后顶部盖板直接被炸飞,管沟内部的爆炸压力也得以释放。对于整体浇筑的管沟,且当埋置深度较深时,内部爆炸压力不能在第一时间得到释放,内部压力将远大于这类场景。因此,假设管沟盖板强度无限大进行模拟。图 6-19 为爆炸超压的传播过程。

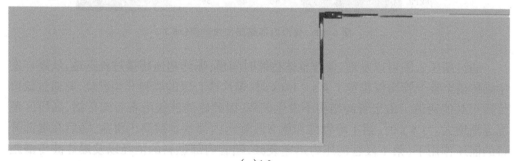

（a）1.0 s

图 6-19　管沟内部超压传播过程

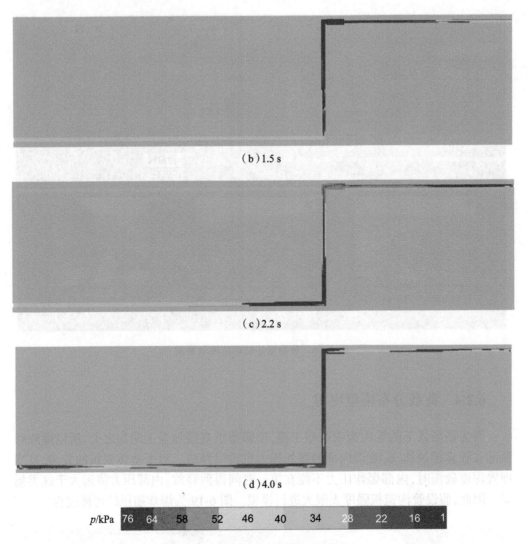

（b）1.5 s

（c）2.2 s

（d）4.0 s

| p/kPa | 76 | 64 | 58 | 52 | 46 | 40 | 34 | 28 | 22 | 16 | 1 |

图 6-19　管沟内部超压传播过程（续）

　　通过超压云图可以发现,爆炸整体持续时间短,爆炸超压传播过程迅速,从爆炸发生到传播至整个管沟仅花费了 4 s。1.0 s 时,爆炸核心区的燃料开始燃烧,并通过缺口传播至其他通道。由于管沟结构不发生破坏,因此爆炸波仅沿着管沟传播,高压区范围逐渐增大。1.5 s 时,第 1 段管沟和第 2 段管沟内部基本被高压覆盖,随后在端部开口的泄压作用下,第 1 段管沟压力迅速衰减,随着内部燃料的消耗以及爆炸波传播距离的增加,第 2 段管沟内部压力也开始减小。2.2 s 时,爆炸波经过管沟拐角区,高压区开始推移至第 3 段管沟,随后继续向左侧开口推进,在第 4.0 s 高压区抵达开口处。可以发现,随着爆炸波的传播,高压区贯穿了整个管沟,每个区域的超压峰值分布如图 6-20 所示。

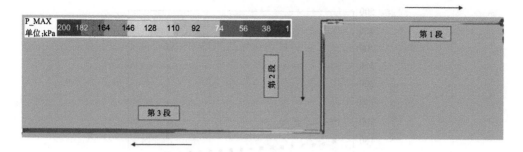

图 6-20　超压峰值分布云图

通过超压峰值分布云图可以发现,第 2 段管沟内部的超压水平远大于其他两段管沟,其他两段管沟内部的超压水平相对较小。现通过前文建立的超压峰值分布模型对该爆炸场景进行计算,并与模拟结果进行对比。由于管沟结构的转角区域和截面变化区域被气云填充,超压衰减和湍流增压作用同时存在,因此计算时忽略管沟截面变化以及转角对结果产生的影响。由于参与爆炸的燃气主要集中于爆炸核心区内,因此爆炸核心区每个通道的能量 E 可以通过计算得到:$E=q_e \cdot V \cdot c=3.68 \times 10^4 \ kJ/m^3 \times 450 \ m^3 \times 0.095=1\ 573\ 200 \ kJ$。第 1 段管沟单通道截面积为 10 m^2,第 2 段和第 3 段管沟单通道截面积为 12.5 m^2。计算得到爆炸核心区两侧的增压段长度 L_1 分别为 27 m 和 24 m,端部降压段长度 L_3 分别为 125 m、102 m。3 段管沟超压峰值分布的计算结果和模拟结果如图 6-21 所示。

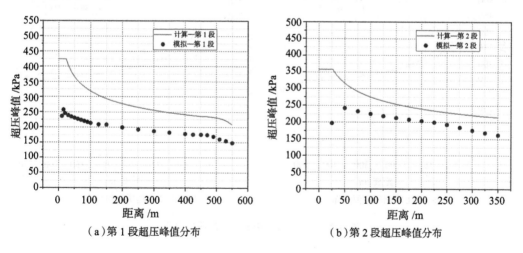

（a）第 1 段超压峰值分布　　　　　　　（b）第 2 段超压峰值分布

图 6-21　3 段管沟超压峰值分布

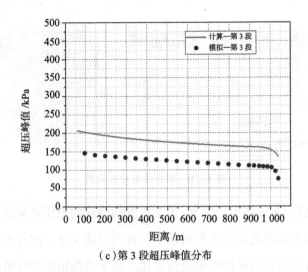

（c）第3段超压峰值分布

图6-21　3段管沟超压峰值分布（续）

由图6-21可知，模拟结果比计算结果小，与前期对大尺寸巷道瓦斯爆炸试验验证结果一致。当气云体积较大时，模拟的超压结果偏小，试验结果约为模拟结果的1.4倍[155]。因此，对模拟结果乘1.4的系数，如图6-22所示，计算结果和修正后的模拟结果基本吻合，由于爆炸核心区的爆炸波在传播过程中分流到其他通道，而且与第1段管沟连接处存在截面突变的现象，对内部超压水平有一定的削弱作用，因此在第1段管沟超压峰值分布图中，前100 m整体超压水平较计算值偏低。

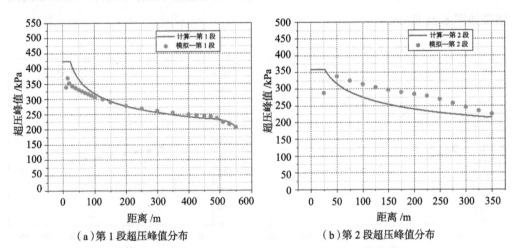

（a）第1段超压峰值分布　　　　　　　　（b）第2段超压峰值分布

图6-22　修正后3段管沟超压峰值分布

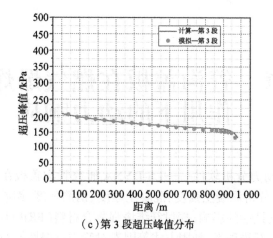

（c）第 3 段超压峰值分布

图 6-22　修正后 3 段管沟超压峰值分布（续）

综上所述，对于管沟结构不发生破坏的场景，超压峰值分布模型能够较准确地预测简单结构管沟爆炸时内部的超压分布。但是当管沟结构发生变化时，计算结果与实际情况有一定差距，还需要进行进一步研究，从而完善超压峰值分布模型，以适用于更多场景。

第7章 管沟盖板在燃气爆炸荷载作用下的动力响应

本章利用结构动力分析软件——LS-DYNA研究管沟盖板在燃气爆炸荷载作用下的损伤破坏机理,分析混凝土强度、混凝土厚度、钢筋强度、钢筋直径等因素对管沟盖板动力响应及抗爆性能的影响;探讨纤维增强复合材料(FRP)加固管沟盖板的抗爆性能,分析加固层数、纤维种类、加固方式等因素对管沟抗爆性能的影响。

7.1 城市浅埋管沟系统

城市浅埋管沟遍布城市地下空间,是可以容纳一种或几种管线的市政基础性工程。综合考虑经济性及工程施工等因素,城市浅埋管沟一般埋深较浅。城市浅埋管沟主要包括城市地下排水涵洞、城市给排水管沟系统和市政基础设施浅埋管沟暗渠等。它是市政基础设施的一部分,主要负责地下水源的运输,在城市现代化进程中起到了不可忽视的基础性作用。

7.1.1 截面形状

城市浅埋管沟的断面形式丰富多样,包括矩形、圆形、梯形、椭圆形、V形、马蹄形等,如图7-1所示。当进行设计时主要考虑设计流量、埋设深度、地形环境、施工水平、经济水平等。由于钢筋混凝土矩形管沟的相关施工技术已十分成熟,而且这类管沟具

(a)圆形管沟   (b)矩形管沟   (c)U形管沟

图7-1 常见管沟实物图

（d）梯形管沟

（e）路缘石排水沟

（f）预制成品排水沟

图 7-1　常见管沟实物图（续）

有适用性广、工程造价低、施工形式多样和便于综合管理等优点，因此现阶段我国城市地下管沟仍以钢筋混凝土矩形管沟为主。矩形截面管沟既可以采用预制的方式，也可以采用现场浇筑或者砌筑的施工方式，适用于复杂的地形条件，便于维修和养护。

7.1.2　矩形管沟结构设计

矩形管沟的结构主体由两侧墙体、底板和盖板等构件组成，参照《钢筋混凝土矩形排水沟及盖板》（SHT102—2006）[156]，矩形管沟净宽用 L_0 表示，一般取值范围为 400 ～ 2 100 mm，沟深 H_0 的取值范围为 400 ～ 1 500 mm，如图 7-2 所示。预制钢筋混凝土盖板宽度常取 500 mm，还可以根据实际布置情况设置排水槽口，如图 7-3 所示。排水沟、盖板以及水沟梁常采用强度为 C30 的混凝土，垫层混凝土强度等级为 C10，钢筋一般为 HPB235 级或 HRB335 级热轧钢筋。

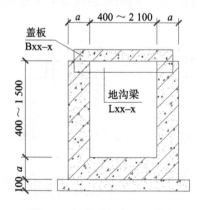
图 7-2　钢筋混凝土矩形管沟

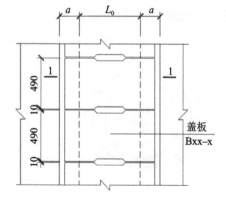
图 7-3　盖板布置示意图

7.1.3　管沟系统附属设施

管沟系统的附属构筑物包括检查井、跌水井、水封井、雨水口、截流井、排水口等，如图 7-4 所示。其中,排水检查井由圆形检查井、矩形检查井、扇形检查井、跌水井、闸槽井、沉泥井等组成(见图 7-5～图 7-7),雨水口分为雨水口箅子、雨水口井圈等[157-158],具体设计参考国标图集《市政排水管道工程及附属设施(06MS201)》[157]。

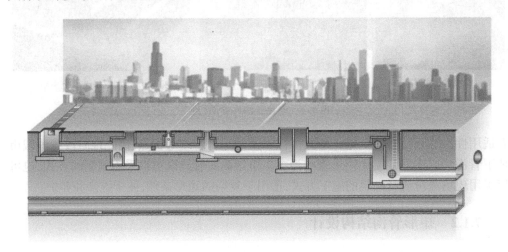

图 7-4　各类浅埋管沟示意图

　　为了防止暗沟中的油污与外界气体相通从而引发火灾,一般在废水排水口附近以及管道中间每隔 250 m 设置水封井。当管道落差较大,且不能通过调节坡度来解决时,一般设置跌水井。在污水管道中还设有截流井进行污水集中处理,它还可以对雨季和旱季的雨水、污水进行分离截流。在管道交汇处、转弯处、管径或坡度改变处、跌水处以及直线管段上每隔一定距离处还应该设置检查井,最大间距应根据管沟尺寸及类别等具体情况确定,一般按照表 7-1 取值。

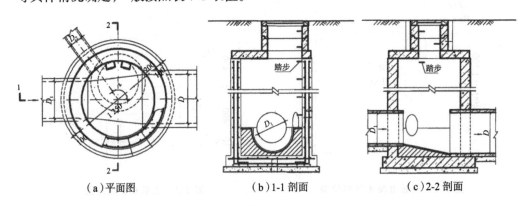

(a)平面图　　　　　(b)1-1 剖面　　　　　(c)2-2 剖面

图 7-5　圆形雨水检查井示意图

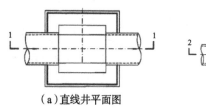
（a）直线井平面图

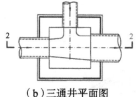
（b）三通井平面图

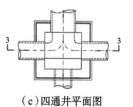
（c）四通井平面图

图 7-6　矩形检查井槽流示意图

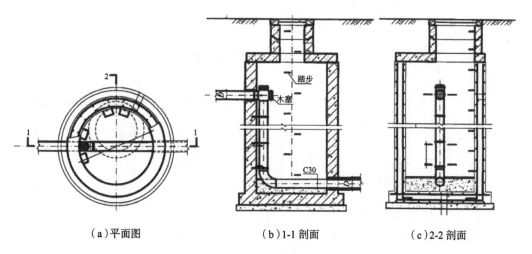

（a）平面图　　　　　（b）1-1 剖面　　　　　（c）2-2 剖面

图 7-7　混凝土跌水井示意图

表 7-1　检查井最大间距 [158]

管径或暗渠净高 / mm	最大间距 / m	
	污水管道	雨水（合流）管道
200 ～ 400	40	50
500 ～ 700	60	70
800 ～ 1 000	80	90
1 100 ～ 1 500	100	120
1 600 ～ 2 000	120	120

　　另外,在管沟顶部还会开设雨水口收集地面的雨水,雨水口的布置应按道路形式、雨水口的泄水能力等确定[158]。为了能够高效收集地面雨水,雨水口一般布置于交叉路口和路侧边沟等部位,相邻两个雨水口的间距保持在 25 ～ 50 m,当纵坡较大（超过 0.02）时,间距可超过 50 m。当管沟盖板位于地表时,常采用平篦式雨水口,篦子直接布置于盖板,如图 7-8 所示。当管沟上方有一定深度的覆土时,常采用立篦式雨水口,如图 7-9 所示。雨水通过雨水算进入连接管,最终汇入管渠。

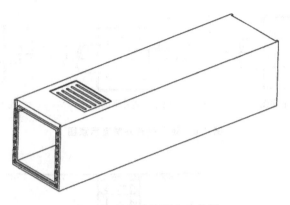

图 7-8　地表管沟雨水口布置

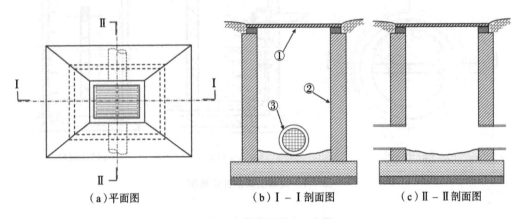

（a）平面图　　　　　　　　（b）Ⅰ–Ⅰ剖面图　　　　　　（c）Ⅱ–Ⅱ剖面图

图 7-9　地下管沟雨水口布置

7.2　钢筋混凝土矩形管沟模型验证

7.2.1　LS-DYNA 软件算法介绍

LS-DYNA 软件可以用于分析结构的大变形、大位移及大转动的动力响应，最早可以追溯到 DYNA3D 程序，目前在显示动力学分析领域占有重要的地位。LS-DYNA 可以模拟在复杂环境下的动力响应，如高速撞击、金属成形模拟、复合材料分析等。LS-DYNA 目前包含 100 多个本构模型和 40 多种接触非线性方程，涵盖了各种各样的材料。

在 LS-DYNA 中处理连续体常用 Language、Euler 和 ALE 这三种算法。一般来说使用最多的是 Language 算法，当物质为流体时采用 Eular 算法，而 ALE 则适用于流体 - 固体耦合的情况。

Language 算法主要应用于对实体结构的受力分析,以坐标为基础,将 Language 算法所描述的网格单元与结构相结合。该算法在处理边界运动时具有较高的精度,但是当遇到大变形时,网格可能会出现严重的畸变或者程序会出现报错的情况,严重影响运算的效率。

Eular 算法生成的网格与所属结构相互独立,在运算的过程中网格不会随结构的变化而变形,而结构在网格内可以流动,因此在整个运算过程中,该算法的精度基本不变,保持在一个稳定范围。但是这种算法很难检测到结构的边界,在流体的分析中经常使用这种算法。

ALE 算法综合了 Language 和 Eular 算法的优点,既可以捕捉到实体结构的边界条件,又可以根据运算的参数条件实时调整网格中单元的位置,这样就可以避免网格出现畸变,这一点和 Eular 算法的原理不完全一致。该算法可以有效地应用于结构大变形的工况,也可以实现对流固耦合进行动态分析。

7.2.2　管沟燃气爆炸试验简介

该试验的钢筋混凝土地下管沟位于北京理工大学东花园试验场,是由吴成清教授团队利用两段废弃的地下管沟(断面尺寸均为 1.6 m × 0.8 m,长度分别为 12 m 和 20 m)改造而成的(见图 7-10),主要用于研究在燃气爆炸条件下对钢筋混凝土板的动力响应分析[70]。

图 7-10　地下管沟燃气爆炸试验现场布置[70]

在管沟的顶部布置了钢板和钢筋混凝土板试件,并在钢板上放置用以密封气体的重物。钢筋混凝土板试件的尺寸为 1.8 m × 0.4 m × 0.09 m,采用抗压强度为 30 MPa 的普通 C30 混凝土,并用 20 mm 厚的角钢和螺栓将钢筋混凝土板固定在混凝土管沟底座上;在板内部的长、宽两个方向上都布置了直径为 12 mm 的 HRB335 钢筋,具体配置如图 7-11 所示。

管沟内部充满甲烷与空气的混合气体,在通道一端设置一个点火口,一共进行了四次燃气爆炸实验。试验工况如表 7-2 所列,爆炸现场如图 7-12 所示。

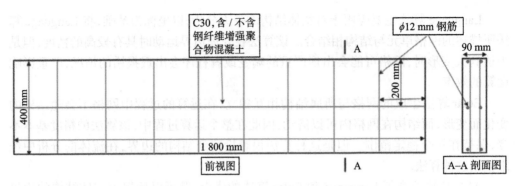

图 7-11　钢筋在混凝土板试件中的配置 [53]

表 7-2　地下管沟燃气爆炸试验工况

管沟长度 / m	甲烷体积分数 / %	试验次数 / 次
12	7.5	1
12	9.5	1
20	9.5	2

图 7-12　管沟燃气爆炸现场 [70]

　　在增强了边界密封、增大了钢板上重物质量后的 20 m 管沟第二次试验中,钢筋混凝土板上增加设置了压力传感器和位移测量传感器,如图 7-13 所示,得到相应所需要的超压时程曲线(见图 7-14)和钢筋混凝土板跨中位移曲线(见图 7-15)。

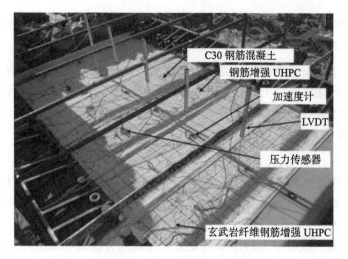

图 7-13　传感器位置布置 [71]

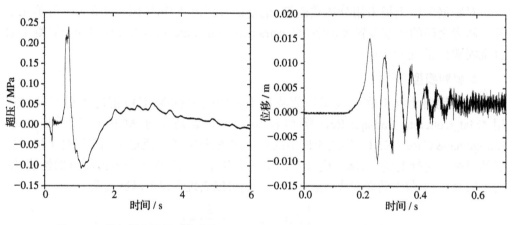

图 7-14　燃气爆炸超压时程曲线　　　　　图 7-15　钢筋混凝土板跨中位移曲线

7.2.3　模型验证及网格敏感性分析

1. 建模方式

由于钢筋和混凝土之间的膨胀系数相差不大,同时两者之间也有较好的黏结力作用,因此钢筋和混凝土之间可以紧密结合。根据其自身的特点,目前常用的建模方法有以下 3 种:

（1）整体式

整体式建模是指钢筋占用模型中的比例分散到各个单元中,此时钢筋混凝土结构皆由实体单元组成,通过调整材料的屈服极限、弹性模量、泊松比等参数来实现。可以发现,整体式建模能够缩短建模的时间,计算量也较小,但是由于钢筋和混凝土为一个整体,不能准确地观察到钢筋的受力、变形、滑移等过程,会造成一定的误差和局限性。

（2）组合式

组合式建模是指根据钢筋和混凝土作用的特点,可以将钢筋按照混凝土计算出单元的刚度矩阵转化成混凝土,通过计算两者对单元矩阵的贡献,再重新组成一个整体。该计算方法的准确性比整体式要高,但是由于要计算单元的刚度矩阵,因此计算量较大,并不简单方便。

（3）分离式

分离式建模是指将钢筋和混凝土分别按照各自的截面属性进行建模,考虑了两种材料性能的不同,可以充分模拟混凝土和钢筋之间的相互作用,是一种较接近于真实情况的建模方式。

分离式建模一般可分为共用节点模型和流固耦合模型。采用共节点方法的建模方式比较简单,但是两者之间没有任何的滑移,容易出现应力集中的情况,与实际情况不太符合。而流固耦合在建模时把钢筋限制到混凝土中,可以给予钢筋一定的自由。

对钢筋混凝土板采用分离式建模,把钢筋和混凝土作为不同的单元进行单元划分。两者之间的约束设置关键字 *Constrained_langrange_in_solid,将钢筋和混凝土通过流固耦合而相互作用。

2. 材料模型

根据混凝土材料在燃气爆炸荷载作用下的受力特性,C30 混凝土材料模型选用 *Mat_Concrete_Damage_Rel3 模型模拟,该模型是基于 Malvar 等[159]提出的 Karagozian&Case（K&C）混凝土模型的第三次改进版,被广泛地应用于混凝土抗爆性能的研究。混凝土损伤 K&C 模型考虑了三个独立的强度面来分析混凝土的性能,即初始屈服面、极限失效面和残余破坏面。它们可以表现为以下函数关系

$$\begin{cases} \Delta\sigma_y = a_{0y} + \dfrac{P}{a_{1y} + a_{2y}P} \\[2mm] \Delta\sigma_m = a_0 + \dfrac{P}{a_1 + a_2P} \\[2mm] \Delta\sigma_r = \dfrac{P}{a_{1f} + a_{2f}P} \end{cases} \tag{7-1}$$

式中：$\Delta\sigma_y$ 为初始屈服面；$\Delta\sigma_m$ 为极限失效面；$\Delta\sigma_r$ 为残余破坏面；a_0、a_1、a_2、a_{1f}、a_{2f}、a_{1y}、a_{2y} 为材料常数；P 为 σ_1、σ_2、σ_3 的平均应力。

当结构受力达到初始屈服面而未达到极限失效面时,可由两者之间的线性插值得到强化面；当结构受力达到极限失效面而未达到残余破坏面时,也可由两者之间的线性差值得到软化面,即

$$\begin{cases} \Delta\sigma = \eta(\Delta\sigma_m - \Delta\sigma_y) + \Delta\sigma_y \\[2mm] \Delta\sigma = \eta(\Delta\sigma_m - \Delta\sigma_r) + \Delta\sigma_r \end{cases} \tag{7-2}$$

式中：η 代表有效塑性应变 λ 的函数。

混凝土的应变率效应参数的设置参考了 LS-DYNA 关键字手册。定义关键字 *Mat_Add_Erosion 模拟材料的破坏，当混凝土单元的最大主应变达到 0.01 时，单元退出计算并失效，其取值是通过试算校正而得到的。相关混凝土参数的设置如表 7-3 所列。

表 7-3 混凝土材料参数

密度 /(kg·m^{-3})	泊松比	抗压强度 / MPa	Rsize	UCF
2 400	0.2	30	39.37	0.000 145

采用关键字 *Mat_Plastic_Kinematic 模型模拟钢筋，其本构模型如图 7-16 所示。该模型能够较好地模拟钢筋的力学性能，可以利用 Cowper-Symonds 模型来考虑应变率的影响，满足方程

$$\sigma_y = \left[1 + \left(\frac{\dot{\varepsilon}}{C} \right)^{\frac{1}{P}} \right] (\sigma_0 + \beta E_p \varepsilon_{eff}^p) \tag{7-3}$$

式中：σ_y 为屈服强度；$\dot{\varepsilon}$ 为应变率；P、C 为与应变率有关的参数；σ_0 为初始屈服应力；β 为硬化参数（当 $\beta=0$ 时为随动硬化，屈服面大小不变，沿塑性应变方向移动，当 $\beta=1$ 时为各向同性硬化，屈服面位置不变，大小随应变而变化，当 $0<\beta<1$ 时为混合硬化）；E_p 为塑性硬化模量；ε_{eff}^p 为塑性应变。试验中钢筋的具体参数如表 7-4 所列。

表 7-4 钢筋材料参数

密度 /(kg·m^{-3})	弹性模量 / Pa	泊松比	屈服强度 / MPa	硬化模量 / GPa
7 900	1.941×10^{11}	0.27	335	1.94

3. 几何模型

数值模拟的有限元模型如图 7-17 所示，绿色为角钢，红色为混凝土管沟支撑底座，黄色为钢筋，蓝色为混凝土板试件。对混凝土定义基本的 *Section_solid 六面体实体单元。对钢筋定义 *Section_beam 梁单元，该单元有 3 个节点，用以确定梁单元的轴向和方向，采用默认的 Hughes-Liu 积分算法和 2×2Gauss 正交算法，计算效率较高。

为模拟试验中边界的约束作用，在钢筋混凝土板模型边界上添加设置了长度为 400 mm、宽度为 200 mm、厚度为 2 mm 的角钢，利用关键字 *Boundary_spc_set 约束角钢外边缘以代

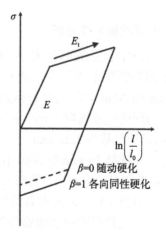

图 7-16 Mat_Plastic_Kinematic 模型的本构模型

替螺栓的固定作用,同时约束混凝土管沟支撑底座部位节点 X、Y、Z 方向的位移,如图 7-18 所示。

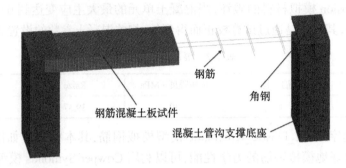

图 7-17 钢筋混凝土板有限元模型

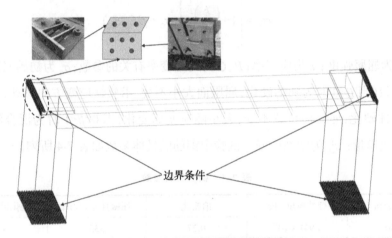

图 7-18 数值模型边界条件的设置

4. 网格敏感性分析

为确定合适的网格大小,将峰值为 100 kPa、持续时间为 0.1 s 的三角形荷载作用于钢筋混凝土板下表面进行网格敏感性测试。在测试中网格尺寸分别为 5 mm、10 mm 和 20 mm 单元,计算得到钢筋混凝土板的跨中位移时程曲线如图 7-19 所示。

当网格尺寸选取 5 mm 单元时,峰值位移为 1.19 mm;当网格尺寸选取 10 mm 单元时,峰值位移为 1.21 mm,比 5 mm 网格的高 0.02 mm,数值偏高 1.7%,偏差较小;当网格尺寸选择 20 mm 时,峰值位移为 1.25 mm,比 5 mm 网格的高 0.06 mm,数值偏高 5%,偏差相对较大。当计算机运算时,10 mm 网格的计算时间为 18 min,5 mm 网格的计算时间为 4 h 12 min,前者的计算效率是后者的 14 倍。鉴于 10 mm 网格与 5 mm 网格的跨中位移时程曲线能够较好地吻合,综合考虑时间效率和准确性之间的平衡,数值模型均采用 10 mm 网格尺寸进行计算。

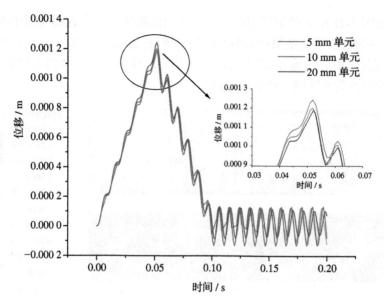

图 7-19　网格敏感性测试结果

5. 试验与模拟结果对比

为验证此数值模型的准确性,将钢筋混凝土板传感器采集到的燃气爆炸荷载通过关键字 *Load_segment_set 加载到板的下表面。钢筋混凝土板数值模拟和试验数据的跨中位移时程曲线的对比如图 7-20 所示。结果表明,数值模拟的峰值位移为 13.59 mm,较试验值要低 0.94 mm(约 6.47%),相差较小,同时残余变形也基本相似。但是在钢筋混凝土板振荡回弹时存在一定的误差,这是由于数值模拟边界条件的设置和实际情况还有一定的差异,在试验中钢筋混凝土板在振荡回弹时会给约束的角钢带来较大的反弹力,导致爆炸时角钢上的螺栓可能会产生松动,而在数值模拟中没有考虑这一现象。

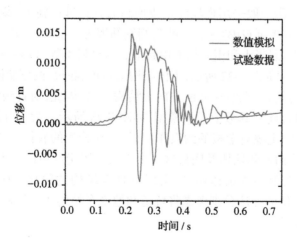

图 7-20　钢筋混凝土板动力响应对比

通过如图 7-21 所示的钢筋混凝土板上表面的破坏对比和数值模拟中的有效塑性应变云图,可知数值模拟结果中的塑性损伤区域与试验结果相似。具体表现为钢筋混凝土板受弯曲作用的影响,试件上表面中间部分出现了一定程度的裂缝破坏,这与数值模拟中的塑性变形区域大致保持一致。

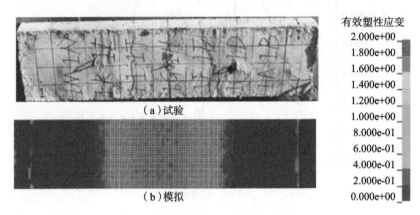

（a）试验

（b）模拟

图 7-21　钢筋混凝土板上表面在试验和模拟中的破坏对比

试验和模拟结果中的钢筋混凝土板的跨中位移时程曲线与塑性破坏的比较,说明该数值模拟建模方法能基本反映钢筋混凝土板在燃气爆炸荷载作用下的结构动力响应。因此,该方法是合理的,可以继续进行后续研究。

7.3　管沟盖板动力响应数值分析

7.3.1　参数设置

钢筋混凝土管沟一般采用现场浇筑或预制的方式进行施工,参照我国 2002 年颁布的图集《地沟及盖板》(GJBT—584)[160],当钢筋混凝土盖板采取现浇方式时,钢筋混凝土管沟为一整体。混凝土和钢筋均采用验证后的材料参数。以某地区在建管沟为例,其截面详细设计尺寸如图 7-22 所示,主体结构由盖板、底板、两侧墙体组成。管沟属于长直空间结构的构筑物,在沿横截面方向上结构相同,因此,对管沟沿截面方向取 0.5 m 的长度进行分析,建立其数值模拟模型,如图 7-23 所示。为了方便排水,管沟盖板往往贴近地面设计,土壤对盖板的约束作用很弱,而管沟的底板和两侧墙体被土壤限制位移,因此,对管沟两侧墙体及底板这三个面设置固定约束的边界条件 *Boundary_spc_set 模拟周围土壤的约束作用,以实现对管沟结构的简化。徐大立等 [161]、廖维张等 [162] 也采用类似的方法分别考虑将坑道和地铁车站的边界设定了约束作用,以此来分析结构动力响应。

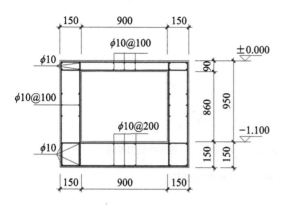

图 7-22　某地区整体式管沟的设计施工图

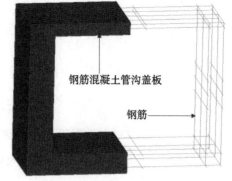

图 7-23　整体式管沟数值模拟模型

　　管沟属于长直空间结构,其荷载分布规律随长度而不断地变化,而在沿截面长度 0.5 m 的距离上可近似看作均布荷载作用于管沟上,由于管沟的两侧墙体和底边设置了约束条件无位移,因此将燃气爆炸荷载直接加载到管沟盖板的内表面,如图 7-24 所示。根据前期大体积长直空间内燃气爆炸试验得到的荷载曲线(见图 7-25),可将荷载曲线分为升压段 −1、升压段 −2、降压段和稳定段[46]。升压段 −1 的压力相对较小,而升压段 −2 的爆炸压力上升速率很快,大部分超压产生于升压段 −2 和降压段,因此,可以忽略升压段 −1 和稳定段的爆炸压力,把燃气爆炸荷载曲线简化成如图 7-26 所示的三角形 ABC 段曲线。韩永利[163]、韩笑[164] 和 Ki-Kang 等[165] 也均采用将燃气爆炸荷载简化成简易的三角形荷载作用于结构上,进行动力响应的研究。对于管沟这类结构,以超压持续时间为 0.1 s(AB 段和 BC 段均取 50 ms)为例进行分析。

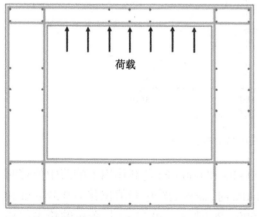

图 7-24　荷载作用于盖板示意图

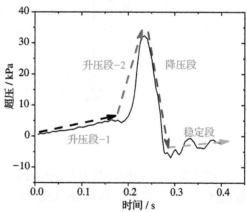

图 7-25　长直空间内燃气爆炸试验荷载曲线[46]

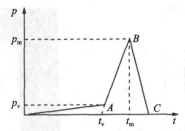

注：p_v—泄爆超压；p_m—超压峰值；t_v—泄爆时间；t_m—超压峰值的时间。

图 7-26　简化的燃气爆炸荷载曲线

7.3.2　管沟盖板在燃气爆炸荷载下的动力响应特征

对于管沟盖板在燃气爆炸荷载作用下的动力响应，与它直接相关的是荷载超压峰值的大小，本小节设定荷载的超压峰值分别为 200 kPa（工况 1）、500 kPa（工况 2）和 600 kPa（工况 3），如图 7-27 所示。将这三个荷载分别加载到管沟盖板的内表面，研究管沟盖板在燃气爆炸荷载作用下的动力响应特征。

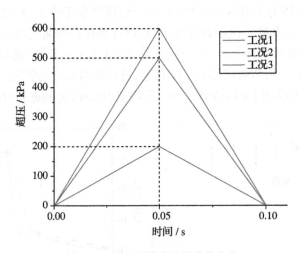

图 7-27　不同超压峰值的荷载曲线

图 7-28 所示为管沟盖板在 200 kPa、500 kPa 和 600 kPa 荷载作用下的跨中位移时程曲线。当超压峰值分别为 200 kPa 和 500 kPa 时，盖板的跨中峰值位移为 0.37 mm 和 0.94 mm，残余变形量很小；当超压峰值为 600 kPa 时，在 t=0.12 s 时，盖板的跨中位移超过 1.2 m，结构已严重损坏。

为分析管沟盖板在燃气爆炸荷载作用下被破坏的基本特征，以超压峰值为 600 kPa 的工况为例进行管沟盖板的损伤机理分析。图 7-29 所示为管沟在不同时刻的有效塑性应变云图，根据此图可以预测管沟盖板在燃气爆炸荷载作用下损伤破坏的程度和发展趋势。当 t=45 ms 时，管沟的塑性区域首先出现在内边角处；当 t=50 ms 时，塑性区域逐渐增大并向盖板外表面中间部分扩展,上边角处部分区域达到最大破坏主应变而被删除单元退出工作;当 t=55 ms 时,塑性区域沿盖板上表面向两侧继续延伸,上边角区域的破坏区域继续扩大,盖板受弯曲作用力的影响导致裂纹的长度、宽度和数量不断增加,裂纹扩展、相连,直至出现贯穿裂缝,导致盖板被破坏;当燃气爆炸荷载加载到后期时(t=65 ms 和 t=70 ms),管沟上边角处塑性破坏比较严重,钢筋在上边角处被拉断,盖板与管沟底座分离。通过上述的管沟破坏机理分析可知,上边角处在燃气爆炸发生时首先发生塑性应变,而盖板跨中处受到弯曲作用力而被破坏,是管沟的薄弱部分。因此,在工程应用中,应该对管沟上边角位置和盖板中间部位进行结构强度的增强或加固,以防止管沟在燃气爆炸作用下过早地被破坏。

在山东青岛"11·22"事故管沟破坏现场,管沟盖板中间位置出现一条纵向的贯穿裂缝,并且随着裂缝的逐渐扩展,管沟盖板被分离成左右两部分,如图 7-30(a)所示。随着爆炸冲击波压力的增加,部分管沟盖板被炸飞,如图 7-30 (b)所示。

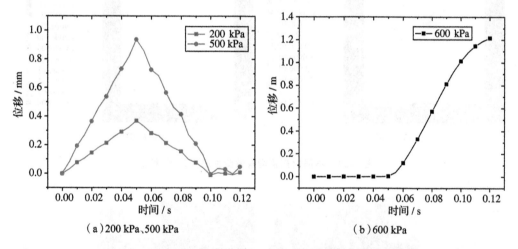

（a）200 kPa、500 kPa　　　　　　　　　（b）600 kPa

图 7-28　管沟盖板在不同超压峰值作用下的跨中位移时程曲线

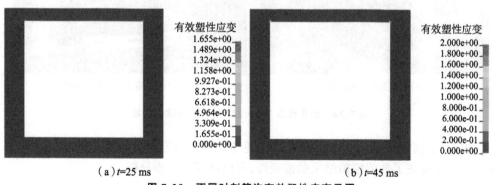

（a）t=25 ms　　　　　　　　　（b）t=45 ms

图 7-29　不同时刻管沟有效塑性应变云图

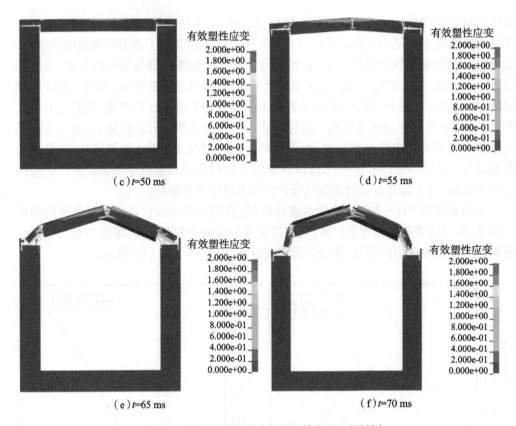

图 7-29　不同时刻管沟有效塑性应变云图（续）

（a）管沟盖板中央断裂

（b）管沟盖板部分结构被严重破坏

图 7-30　山东青岛"11·22"事故管沟破坏现场

　　因此，数值模拟的计算结果和在事故现场观测到的管沟破坏模式能较好地吻合。这也进一步验证了数值模拟结果的准确性，可以进行下一步分析。

7.3.3 管沟盖板动力响应的参数化分析

1. 混凝土强度

根据《混凝土结构设计规范》[166] 中对混凝土强度等级的划分,在保证其他参数不变的情况下,分别模拟 C20、C30、C40、C50 这四种不同强度等级的混凝土管沟盖板在超压峰值为 200 kPa 和 600 kPa 的爆炸荷载作用下的动力响应。图 7-31 为在两组不同超压峰值作用下管沟盖板的跨中位移时程曲线。

从图 7-31(a)中可以得到,当超压峰值为 200 kPa 时,C20、C30、C40、C50 混凝土管沟盖板的跨中峰值位移分别为 0.45 mm、0.37 mm、0.32 mm、0.29 mm,随着混凝土强度的提高,管沟盖板的跨中峰值位移较 C20 混凝土管沟盖板分别降低了 17.8%、31.3%、40.7%。可见当较小的荷载作用于管沟时,随着混凝土抗压强度的提高,管沟盖板的受弯、受剪能力得到提高,但当混凝土强度达到一定程度时,它对抗爆性能的影响效率减弱。

从图 7-31(b)中可以得到,当超压峰值为 600 kPa 时,C20 和 C30 混凝土管沟盖板在荷载作用下出现了塑性大变形,结构被完全破坏;C40 和 C50 混凝土管沟盖板的跨中峰值位移分别为 1.02 mm、0.79 mm,无明显变形。可见随着混凝土强度的提高,管沟盖板在燃气爆炸荷载作用下的强度能够得到一定的增强,结构的抗爆性能可以得到显著的提高。陈晔[7] 等对钢筋混凝土板受燃气爆炸作用下的动力响应的研究结果也同样表明,混凝土强度在一定程度上可以提高钢筋混凝土板的抗爆性能。在实际工程应用中受到施工条件的限制,无限制地增大混凝土的强度不太现实,C40 与 C50 的抗爆性能较为接近,在管沟盖板抗爆设计时选用 C40 混凝土更为合理。

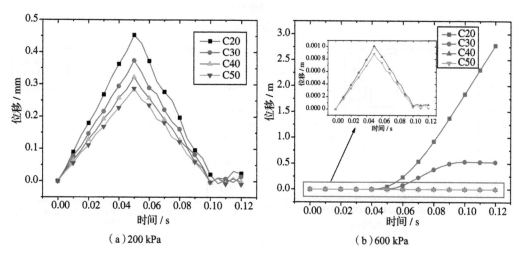

(a)200 kPa

(b)600 kPa

图 7-31　不同强度的混凝土管沟盖板在荷载作用下的跨中位移时程曲线

2. 混凝土厚度

只改变混凝土管沟盖板的厚度,分别取 8 cm、9 cm、10 cm、11 cm、13 cm,其跨厚比为 11.25、10、9、8.18、6.92。不同厚度的混凝土管沟盖板在荷载作用下的跨中位移时程曲线如图 7-32 所示。

从图 7-32（a）可知，当超压峰值为 200 kPa 时，随着混凝土厚度的增加，跨厚比随之减小，盖板跨中峰值位移分别为 0.49 mm、0.37 mm、0.29 mm、0.24 mm、0.17 mm，分别降低了 24.4%、40.8%、51.0%、65.3%。这是由于当盖板的跨厚比减小时，盖板平行于爆炸荷载方向上的截面积和惯性矩增大，使得其抗爆能力也得到提高。

从图 7-32（b）可知，当超压峰值为 600 kPa 时，随着混凝土厚度的增加，盖板跨中峰值位移分别为 0.94 m、0.53 m、0.93 mm、0.74 mm、0.51 mm，当混凝土厚度为 8 cm 和 9 cm 时，管沟盖板破坏严重。混凝土厚度的改变对结构动力响应的影响很大，当混凝土厚度增加时，管沟盖板跨中峰值位移呈降低的趋势。因此，当进行结构抗爆设计时，在考虑成本的情况下，适当增加混凝土管沟盖板的厚度可以大幅提高其抗爆性能。

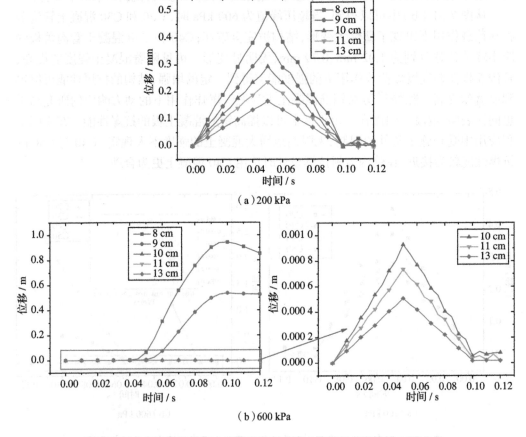

图 7-32　不同厚度的混凝土管沟盖板在荷载作用下的跨中位移时程曲线

3. 钢筋强度

钢筋按强度大小可分为 4 个等级（Ⅰ级、Ⅱ级、Ⅲ级、Ⅳ级钢筋），在保证其他参数条件不变的情况下,分别模拟钢筋强度为 HPB300、HRB335、HRB400、HRB500 这 4 种情况下的管沟盖板在超压峰值为 200 kPa 和 600 kPa 的爆炸荷载作用下的动力响应。图 7-33 所示为在超压峰值为 200 kPa 和 600 kPa 荷载作用下的管沟盖板的跨中位移时程曲线。

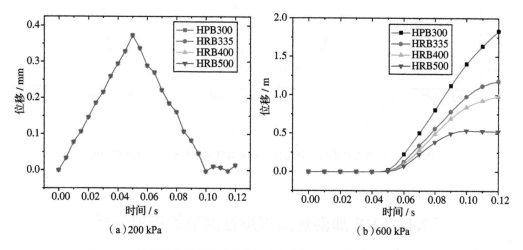

（a）200 kPa　　　　　　　　　　（b）600 kPa

图 7-33　不同钢筋等级的管沟盖板在荷载作用下的跨中位移时程曲线

从图 7-33（a）中可知,当爆炸荷载作用较小时,钢筋强度对结构动力响应没有明显的影响,可能原因是当管沟盖板处于弹性阶段时,混凝土是主要的受力部分,而钢筋则为次要的受力部分,对结构的位移影响不大。从图 7-33（b）中可知,当管沟盖板处于较大的爆炸荷载作用时,随着钢筋强度的提高,管沟盖板跨中峰值位移分别减少29.4%、41.2% 和 67.6%,说明增大钢筋的强度可以增强管沟盖板的抗爆能力,这是由于在混凝土受荷载作用开裂破坏后,钢筋起到主要的约束作用,增大钢筋的强度可以延迟其屈服时间。

4. 钢筋直径

保证其他因素不变,取钢筋直径分别为 8 mm、10 mm、12 mm,分析管沟盖板在超压峰值为 200 kPa 和 600 kPa 的燃气爆炸作用下的动力响应,如图 7-34 所示。通过分析可知,当超压峰值为 200 kPa 时,盖板的动力响应随钢筋直径的变化而无明显差别,峰值位移皆为 0.37 mm,这是由于当爆炸荷载较小时,混凝土承受了大部分的作用力,钢筋所承受的拉力较小,从而钢筋直径的大小对动力响应无明显影响。当超压峰值为600 kPa 时,随着钢筋直径的增大,管沟盖板的动力响应随之变小。当钢筋的直径增加到 10 mm 和 12 mm 时,盖板跨中峰值位移分别减少了 66.7% 和 80.1%。这是由于钢筋的配筋率随直径的增大而提高,进而钢筋的抗拉强度有所提升,在混凝土开裂破坏后,钢筋受到拉力作用,高配筋率的钢筋使得盖板的动力响应和跨中位移明显减小,管沟的抗爆能力增强。因此,在结构设计中,可以考虑增大钢筋的直径,提高管沟盖板的抗燃气爆炸的能力。

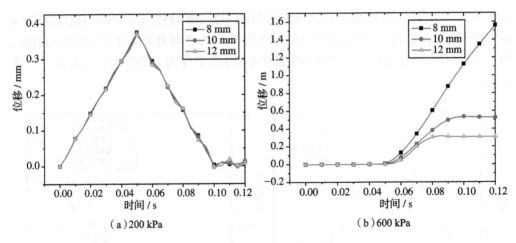

图 7-34　钢筋直径不同的管沟盖板在荷载作用下的跨中位移时程曲线

7.4　FRP 加固管沟抗爆性能数值模拟分析

纤维增强复合材料（Fiber Reinforced Polymer，FRP）具有抗拉强度高、质量轻、体积小等优点，同时粘贴 FRP 对结构本身的形状影响较小。此外，FRP 易于加工制作，且成型速度快，可以被裁剪成所需要的形状、大小；施工时对设备的要求较低，仅需手工就能完成；对环境的适应性较强，适用于各种腐蚀、潮湿、酸碱性等恶劣的环境。因此，与传统的加固方法相比，粘贴 FRP 加固法仍是一种具有综合优势的防护措施。

在实际工程应用中，常见的 FRP 根据成分的不同可分为碳纤维增强复合材料（CFRP）、玄武岩纤维增强复合材料（BFRP）和玻璃纤维增强复合材料（GFRP）。由 FRP 和构件组成的复合结构可以充分发挥各自的材料特性，当荷载的强度不足以使结构破坏时，粘贴 FRP 可以增加结构的刚度，进而降低结构的形变；当荷载较大时，FRP 通过自身的破坏失效可以有效地减小对结构的损伤，在一定程度上起到了防护结构的作用。

国内外现有的研究成果主要是借鉴固体炸药爆炸，对于在燃气爆炸荷载作用下浅埋管沟的防护加固技术尚未有公开的报道，需要进一步的深入研究。

7.4.1　FRP 加固管沟数值模型

在 LS–DYNA 软件中，用 *Mat_Plastic_Kinematic 模型模拟钢筋，用 *Mat_Concrete_Damage_Rel3 模型模拟混凝土，由于该模型没有失效准则，因此定义关键字 *Mat_Add_Erosion 模拟混凝土材料的破坏。当混凝土单元的最大主应变达到 0.01 时，单元退出计算并失效，其取值是通过试算校正而得到的，钢筋和混凝土详细的材料参数与前文一致。

由于 FRP 具有强度高和脆性大的特点,因此采用各向同性模型 *Mat_Plastic_Kinematic 模拟 FRP。当材料达到极限应变时,可以认为材料遭到破坏而失效。其详细的性能参数如表 7-5 所列[167]。

表 7-5　FRP 的性能参数

FRP 种类	密度/(kg·m⁻³)	杨氏模量 / GPa	泊松比	屈服强度 / MPa	极限应变
BFRP	2 500	77.9	0.17	1 642	0.021
CFRP	1 800	212	0.17	4 100	0.017 4
GFRP	1 600	72.5	0.17	3 407	0.047

对混凝土定义基本的 *Section_solid 实体单元,对钢筋定义 *Section_beam 四节点梁单元,单元尺寸大小与前文保持一致。城市浅埋管沟作为长直受限空间,从工程实际应用情况出发考虑,FRP 布条应该内贴于管沟加固布置,如图 7-35 所示。FRP 布条长 1.2 m、宽 0.1 m、厚 0.12 mm,由于其厚度很薄,在数值模拟中可以认为是壳元素,因此将 FRP 定义为 *Section_shell 四节点壳单元。

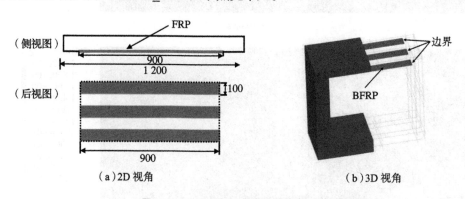

图 7-35　FRP 内加固浅埋管沟数值模拟模型

FRP 与混凝土之间的接触设置关键字 *Contact_automatic_surface_to_surface 面面接触。利用关键字 *Boundary_spc_set 约束 FRP 布条边缘节点 X、Y、Z 方向的位移,以此作为边界条件(见图 7-35（b）)。

将超压持续时间为 0.1 s、荷载峰值为 600 kPa 的简易三角形燃气爆炸荷载作用于管沟盖板及 BFRP 加固管沟盖板上,进行动力响应的对比分析。

7.4.2　动力响应特性分析

图 7-36 所示为普通的钢筋混凝土管沟盖板(无 FRP 加固)在燃气爆炸荷载作用下的塑性应变发展云图。当 t=0.04 s 时,盖板上表面中央位置首先发生了一定程度的塑性应变;当 t=0.05 s 时,盖板裂缝的蔓延导致混凝土单元失效,盖板的整体性降低,出现了严重的损伤破坏;当 t=0.065 s 时,盖板的整体性进一步降低,塑性破坏区域扩

大,盖板遭到严重的破坏。

图 7-37 和图 7-38 所示分别为 BFRP 加固管沟盖板的塑性应变发展云图以及 BFRP 布条等效应力发展云图。数值模拟结果表明,BFRP 布条加固作用下的管沟盖板与普通未加固盖板的损伤破坏情况相差较大。在燃气爆炸荷载作用下,由于 BFRP 布条有较高的抗拉强度,可以承受一定强度的应力,因此在一定程度上提高了盖板的整体刚度及抗爆性能,从而减少了管沟盖板的塑性变形,降低了盖板的破坏程度。

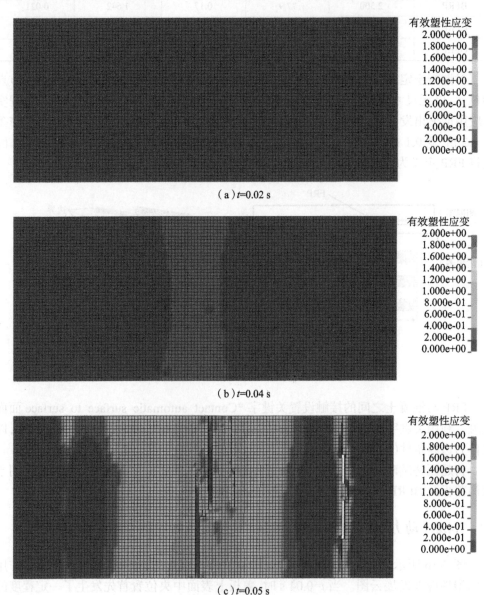

(a) $t=0.02$ s

(b) $t=0.04$ s

(c) $t=0.05$ s

图 7-36　未加固管沟盖板的塑性应变发展云图(2D 俯视)

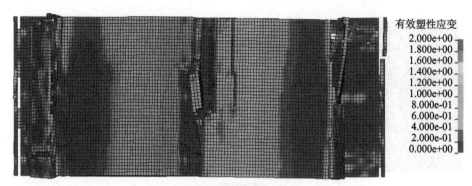

（d）t=0.065 s

图 7-36 未加固管沟盖板的塑性应变发展云图（2D 俯视）（续）

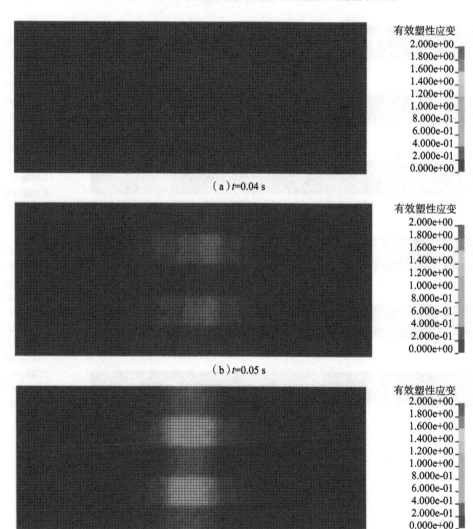

（a）t=0.04 s

（b）t=0.05 s

（c）t=0.055 s

图 7-37 BFRP 加固管沟盖板的塑性应变发展云图（2D 俯视）

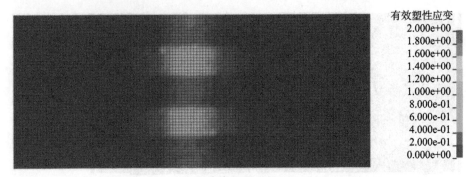

有效塑性应变
2.000e+00
1.800e+00
1.600e+00
1.400e+00
1.200e+00
1.000e+00
8.000e-01
6.000e-01
4.000e-01
2.000e-01
0.000e+00

（d）t=0.08 s

图 7-37　BFRP 加固管沟盖板的塑性应变发展云图（2D 俯视）（续）

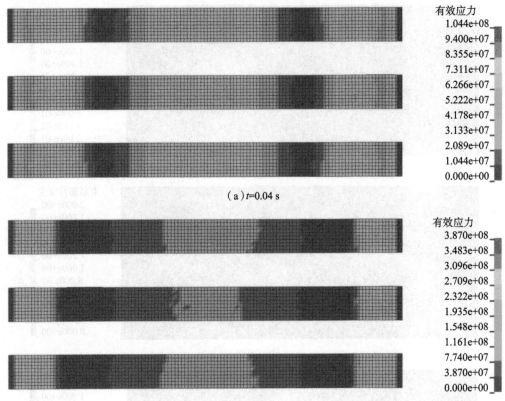

有效应力
1.044e+08
9.400e+07
8.355e+07
7.311e+07
6.266e+07
5.222e+07
4.178e+07
3.133e+07
2.089e+07
1.044e+07
0.000e+00

（a）t=0.04 s

有效应力
3.870e+08
3.483e+08
3.096e+08
2.709e+08
2.322e+08
1.935e+08
1.548e+08
1.161e+08
7.740e+07
3.870e+07
0.000e+00

（b）t=0.05 s

图 7-38　BFRP 布条等效应力发展云图（2D）

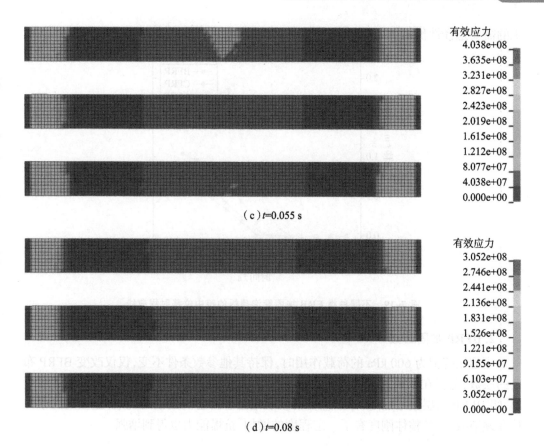

有效应力
4.038e+08
3.635e+08
3.231e+08
2.827e+08
2.423e+08
2.019e+08
1.615e+08
1.212e+08
8.077e+07
4.038e+07
0.000e+00

（c）t=0.055 s

有效应力
3.052e+08
2.746e+08
2.441e+08
2.136e+08
1.831e+08
1.526e+08
1.221e+08
9.155e+07
6.103e+07
3.052e+07
0.000e+00

（d）t=0.08 s

图 7-38　BFRP 布条等效应力发展云图（2D）（续）

7.4.3　FRP 参数分析

1. FRP 纤维类型

由于不同的 FRP 具有不同的力学性能,因此需要分析常用的 3 种 FRP（BFRP、CFRP、GFRP）对管沟盖板在燃气爆炸荷载作用下动力响应的影响。在保持其他参数相同的条件下,对管沟盖板分别粘贴不同纤维类型的 FRP 布条,分析它在荷载峰值为90 kPa 的简易三角形荷载作用下的动力响应。

图 7-39 所示为在不同纤维类型的 FRP 加固下管沟盖板跨中位移的数值模拟结果。可以看出,相比于没有加固的管沟盖板,FRP 能起到一定的抗爆作用,然而不同纤维类型的 FRP 的抗爆性能不同。通过对跨中位移时程曲线的分析可知,在同一时刻下,CFRP 布条加固管沟的盖板跨中位移相对最小,经过 CFRP、GFRP 和 BFRP 加固后,管沟盖板的跨中位移可以分别减少 81.2%、75.2% 和 62.5%。这表明在三种 FRP中,CFRP 加固管沟盖板的整体刚度较大,动力性能较好,抗爆性能相对较强,这是由于 CFRP 具有较大的杨氏模量和屈服强度。

综合考虑材料性能和经济成本,在实际管沟加固的工程应用中,可以根据实际施工的需要选择性价比更高的 BFRP。

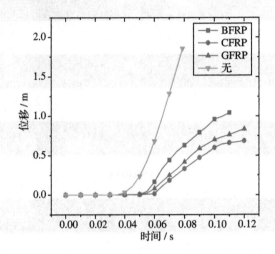

图 7-39　不同种类 FRB 加固管沟盖板的跨中位移时程曲线

2. BFRP 加固层数

当超压峰值为 600 kPa 的荷载作用时,保持其他参数条件不变,仅仅改变 BFRP 布条的层数,分析在不同加固层数下管沟盖板的动力响应,如图 7-40 所示。从图中可看出,当 BFRP 的层数增加时,布条应变的发展增强了对管沟盖板的约束,盖板的跨中位移在逐渐减小,其整体刚度有了一定程度的增加,抗爆能力也得到增强。

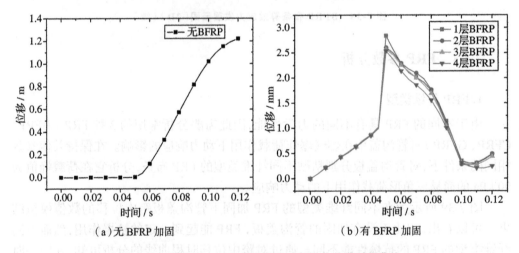

（a）无 BFRP 加固　　　　　　　　（b）有 BFRP 加固

图 7-40　不同 BFRP 加固层数下盖板跨中位移时程曲线

当 BFRP 层数为 1 ~ 4 层时,盖板跨中最大位移分别为 2.84 mm、2.61 mm、2.57 mm、2.54 mm,如图 7-41 所示,管沟未受到严重破坏,其抗爆性能较只有 1 层 BFRP 时分别提高了 8.1%、9.6%、10.6%,因此,在 BFRP 布条层数达到一定值后,层数的增加对管沟抗爆性能的影响不明显。这是由于当粘贴的 BFRP 布条层数增加时,布条之间很难做到完全协同工作,导致其强度增加值有限,强度并没有完全发挥出来。也有一些学者[168-170]提出在 FRP 的层数增加到一定值后,层数的增加对减小构件跨中最大位移的影响较小。综合考虑加固效果和经济效益,采用 2 层 BFRP 加固管沟盖板就能有效地提高管沟的抗爆性能。

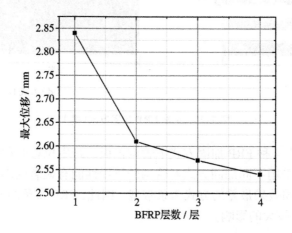

图 7-41 BFRP 加固层数不同的盖板跨中最大位移

3. 加固方式

为分析 FRP 加固方式对管沟抗爆性能的影响,现采用 4 种不同的加固方式(格栅型、十字型、条带型、下表面加固型,分别称为方式 A、B、C 和 D),如图 7-42 所示。其中,方式 A 的布条宽度为 100 mm,横向方向上的间隔为 100 mm,纵向方向上的间隔为 67 mm;方式 B 中布条横向方向上宽度为 200 mm,纵向方向上宽度为 300 mm,均布置在盖板的中间位置;方式 C 的布条均沿横向方向布置,布条的宽度为 100 mm,间隔也为 100 mm;方式 D 的布条为沿横向方向布置,但是布条之间横向的间隔为 0。在这 4种不同加固方式作用下的管沟中,除了 FRP 加固方式不同外,其他参数均保持一致,即有相同的加固层数(一层),均采用 BFRP,均在超压峰值为 900 kPa 的简易三角形荷载作用下。

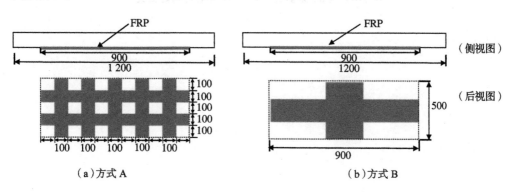

(a)方式 A   (b)方式 B

图 7-42 4 种 FRP 加固方式

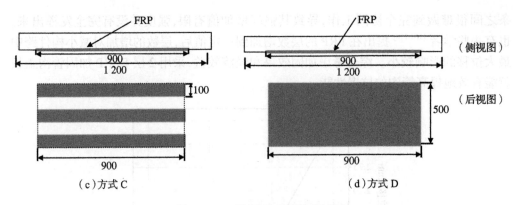

图 7-42　4 种 FRP 加固方式（续）

图 7-43 所示为 4 种 FRP 加固方式下管沟盖板的跨中位移时程曲线，通过数值模拟分析可以得到，采用不同加固方式对管沟的抗爆性能有显著的影响，最优的加固方式为格栅型，而加固效果最差的方式为条带型。因此，FRP 布条的分布方式对管沟抗爆性能的提高有着较大的影响。

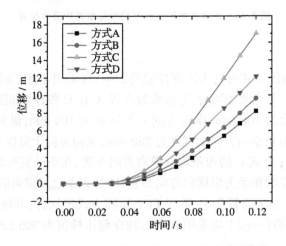

图 7-43　FRP 加固管沟盖板的跨中位移时程曲线

参考文献

[1] 中国大连高级经理学院.中国能源发展报告（2022）[M].北京：社会科学文献出版社,2022.

[2] 国家能源局石油天然气司,国务院发展研究中心资源与环境政策研究所,自然资源部油气资源战略研究中心.中国天然气发展报告（2022）[M].北京：石油工业出版社,2022.

[3] 中国城市燃气行业发展现状分析与投资前景研究报告（2022—2029年）[R/OL].（2022-12-12）. http://www.360doc.com/content/22/1212/13/13672581_1059969508. shtml.

[4] 梁运涛.瓦斯爆炸反应动力学特性及其抑制机理[M].北京：科学出版社,2013.

[5] ZHU Y, QIAN X M, LIU Z Y, et al. Analysis and assessment of the Qingdao crude oil vapor explosion accident: Lessons learnt[J]. Journal of loss prevention in the process industries, 2015:33.

[6] 湖北省应急管理厅.湖北省十堰市张湾区艳湖社区集贸市场"6·13"重大燃气爆炸事故调查报告[EB/OL].（2021-09-30）. http://yjt.hubei.gov.cn/yjgl/aqsc/sgdc/202109/t20210930_3792103.shtml.

[7] 中华人民共和国住房和城乡建设部.城市工程管线综合规划规范（GB 50289—2016）[S],2016.

[8] BJERKETVEDT D, BAKKE J R, VAN WINGERDEN K. Gas explosion handbook[J]. Journal of hazardous materials, 1997, 52: 1-150.

[9] 韩永利,陈龙珠.民用建筑抗燃爆研究方法探讨[J].工程抗震与加固改造,2009,31（5）: 23-28.

[10] DOBASHI R, KAWAMURA S, KUWANA K, et al. Consequence analysis of blast wave from accidental gas explosions [J]. Proceedings of the combustion institute, 2011, 33: 2295-2301.

[11] 李虎,戴晓威,何宁.蒸气云爆炸事故后果模型对比分析研究[J].华北科技学院学报,2019,16（2）: 6.

[12] VAN DEN BERG A C, LANNOY A. Methods for vapour cloud explosion blast modelling[J]. Journal of hazardous materials, 1993, 34(2): 151-171.

[13] VAN DEN BERG A C. The multi-energy method: a framework for vapour cloud explosion blast prediction[J]. Journal of hazardous materials, 1985, 12(1): 1-10.

[14] 段玉龙,周心权,姜伟,等.关于矿井瓦斯爆炸超压规律的预测和分析[J].煤矿安

全,2009,40（12）：1-4.

[15] 孙建华,赵景礼,魏春荣,等.煤矿瓦斯爆炸冲击波超压峰值的预测模型 [J].煤炭工程,2011（1）：64-66.

[16] 梁云峰,周心权,张九零,等.全尺寸独头巷道内瓦斯爆炸超压预测模型 [J].煤炭学报,2009,34（1）：3.

[17] Berg A C V D, Lannoy A. Methods for vapour cloud explosion blast modelling[J]. Journal of Hazardous Materials, 1993, 34(02): 151-171.

[18] TANG M J, BAKER Q A. Comparison of blast curves from vapor cloud explosions[J]. Journal of loss prevention in the process industries, 2000, 13(3): 433-438.

[19] DOBASHI R, KAWAMURA S, KUWANA K, et al. Consequence analysis of blast wave from accidental gas explosions[J]. Proceedings of the combustion institute, 2011, 33(2): 2295-2301.

[20] PARVINI M, GHARAGOUZLOU E. Gas leakage consequence modeling for buried gas pipelines[J]. Journal of prevention in the process industries, 2015, 35(7): 110-118.

[21] COOPER M G, FAIRWEATHER M, TITE J P. On the mechanisms of pressure generation in vented explosions[J]. Combustion & flame, 1986, 65(1): 1-14.

[22] BAO Q, FANG Q, ZHANG Y D, et al. Effects of gas concentration and venting pressure on overpressure transients during vented explosion of methane-air mixtures[J]. Fuel, 2016, 175: 40-48.

[23] 王超强,杨石刚,方秦,等.点火位置对泄爆空间甲烷 - 空气爆炸荷载的影响 [J].爆炸与冲击,2018,38（4）：1001-1455.

[24] YANG S G, CAI J W, YANG Y, et al. Investigation of a semi-empirical load model of natural gas explosion in vented spaces[J]. Journal of Safety Science and Resilience, 2021,2(3):157-171.

[25] 王振成,小川辉繁.管状容器的泄压 [J].工业安全与防尘,1995（1）：13-16.

[26] 刘晶波,闫秋实,伍俊.坑道内爆炸冲击波传播规律的研究 [J].振动与冲击,2009,28（6）：8-11.

[27] 宋娟,李术才,张敦福,等.地下空间爆炸冲击波传播规律研究 [J].地下空间与工程学报,2016,12（2）：561-566.

[28] 杨科之,杨秀敏.坑道内化爆炸冲击波的传播规律 [J].爆炸与冲击,2003,23（1）：37-40.

[29] 陈国华,吴家俊.地下密闭空间燃气爆炸冲击波传播规律 [J].天然气工业,2017,37（2）：120-125.

[30] 贾智伟,景国勋,程磊,等.巷道截面积突变情况下瓦斯爆炸冲击波传播规律的研究 [J].中国安全科学学报,2007（12）：92-94.

[31] SUSTERK J, JANOVSKY B. Comparison of empirical and semi-empirical equations for vented gas explosion with experimental data[J]. Journal of loss prevention in the

process industries, 2013, 26(6): 1549-1557.

[32] CATLIN C A, FAIRWEATHER M, IBRAHIM S S. Predictions of turbulent, premixed flame propagation in explosion tubes[J]. Combustion and flame, 1995, 102(1/2): 115-128.

[33] JOHN H, PETER S. Blast and ballistic loading of structures[M]. London: Taylor & Francis Group, 2014.

[34] NETTLETON M A. Gaseous detonations: their nature, effects and control[J]. Journal of loss prevention in the process industries, 1988, 1(2): 116-117.

[35] 谢尚群. 综合管廊燃气舱预混爆炸超压影响因素研究 [D]. 北京：北京交通大学，2020.

[36] 孙庆文. 城市综合管廊内天然气爆炸荷载特性研究 [D]. 北京：北京工业大学，2018.

[37] NA'INNA A M, PHYLAKTOU H N, ANDREWS G E. Explosion flame acceleration over obstacles: effects of separation distance for a range of scales[J]. Process safety & environmental protection, 2017, 107: 309-316.

[38] 丁小勇, 谭迎新, 李媛. 水平管道中立体障碍物对瓦斯爆炸特性的影响 [J]. 煤矿安全, 2012, 43（8）: 4-7.

[39] MOHAMMED J A, JAFAR Z, BEHDAD M. Flame deflagration in side-on vented detonation tubes: a large scale study[J]. Journal of hazardous materials, 2018, 345: 38-47.

[40] 徐景德, 董世宁, 刘梦杰. 点火能与瓦斯浓度对瓦斯爆炸压力的影响实验研究 [J]. 煤炭与化工, 2020, 43（7）: 112-115.

[41] OH K H, KIM H, KIM J B, et al. A study on the obstacle-induced variation of the gas explosion characteristics[J]. Journal of loss prevention in the process industries, 2001, 14(6): 597-602.

[42] CICCARELLI G, JOHANSEN C T, PARRAVANI M. The role of shock-flame interactions on flame acceleration in an obstacle laden channel[J]. Combustion & flame, 2010, 157(11): 2125-2136.

[43] 杨书召, 景国勋. 半封闭受限空间瓦斯爆炸传播 [J]. 辽宁工程技术大学学报(自然科学版), 2014, 33（1）: 28-32.

[44] SMITH P D, MAYS G C, ROSE T A, et al. Small scale models of complex geometry for blast overpressure assessment[J]. International journal of impact engineering, 1992, 12(3): 345-360.

[45] ZHAN L, LI C, YAN H C, et al. Gas explosions of methane-air mixtures in a large-scale tube[J]. Fuel, 2021, 285: 119239.

[46] YANG Y, YANG S G, FANG Q, et al. Large-scale experimental and simulation study on gas explosion venting load characteristics of urban shallow buried pipe trenches[J].

Tunnelling and underground space technology incorporating trenchless technology research, 2022, 123: 104409.

[47] YANG Y, YANG S G, FANG Q, et al. Research on the explosion venting effect and influencing factors of gas explosion in urban shallow pipe trenches[J]. Combustion Science and Technology, 2023.12, DOI: 10.1080/00102202. 2023.2297274

[48] 王东武,杜春志.巷道瓦斯爆炸传播规律的试验研究[J].采矿与安全工程学报, 2009,26（4）:475-480,485.

[49] 司荣军.矿井瓦斯煤尘爆炸传播规律研究[D].青岛:山东科技大学,2007.

[50] 程良玉,龙源,毛益明,等.大口径高压管道物理爆炸冲击波传播规律的试验研究 [J].振动与冲击,2017,36（22）:40-44.

[51] MA H, ZHONG M, LI X, et al. Experimental and numerical simulation study on the shock and vibration effect of OD1422-x80 mainline natural gas pipeline explosion[J]. Shock and vibration, 2019(5): 1-13.

[52] VAN WINGERDEN K, BJERKETVEDT D, BAKKE J R. Detonations in pipes and in the open[C]//paper in proceedings of the petro-chemical congress, 1999: 15.

[53] ZIPF R K, GAMEZO V N, SAPKO M J, et al. Methane-air detonation experiments at NIOSH Lake Lynn Laboratory[J]. Journal of loss prevention in the process industries, 2013, 26(2): 295-301.

[54] 徐景德,周心权,吴兵.瓦斯浓度和火源对瓦斯爆炸传播影响的实验分析[J].煤炭 科学技术,2001,29（11）:15-17.

[55] 陈晓坤.独头巷道瓦斯爆炸的数值模拟[J].煤矿安全,2012,43（7）:20-22.

[56] ZHU Y F, WANG D M, SHAO Z L, et al. Investigation on the overpressure of methane-air mixture gas explosions in straight large-scale tunnels[J]. Process safety and environmental protection: transactions of the institution of chemical engineers part B, 2019, 135: 101-112.

[57] 罗振敏,吴刚.密闭空间瓦斯爆炸数值模拟研究[J].煤矿安全,2020（2）:4.

[58] SUN W S, YANG S G, YANG Y, et al. Investigation on the concentration prediction model and personnel hazard range of LNG leakage from tankers in the tunnel[J]. Process safety and environmental protection, 2023, 172: 700-715.

[59] PEDERSEN H H, MIDDHA P. Modelling of vented gas explosions in the CFD tool FLACS[J]. Chemical engineering transactions, 2012, 26: 357-362.

[60] VYAZMINA E, JALLAIS S. Validation and recommendations for FLACS CFD and engineering approaches to model hydrogen vented explosions: effects of concentration, obstruction vent area and ignition position[J]. International journal of hydrogen energy, 2016, 41(33): 15101-15109.

[61] 吴卫卫.受限空间可燃气体爆炸数值模拟[D].沈阳:东北大学,2013.

[62] 白岳松.受限空间瓦斯爆炸传播规律数值模拟研究[D].太原:太原理工大学,

2012.

[63] 郑凯 . 管道中氢气 / 甲烷混合燃料爆燃预混火焰传播特征研究 [D]. 重庆：重庆大学,2017.

[64] SUNG K H, BANG J W, LI LN, et al. Effect of crack size on gas leakage characteristics in a confined space[J]. Journal of mechanical science and technology. 2016, 30(7): 3411-3419.

[65] 宫广东,刘庆明,白春华 . 管道中瓦斯爆炸特性的数值模拟 [J]. 兵工学报,2010,31（增刊 1）：17-21.

[66] 冯长根,陈林顺,钱新明 . 点火位置对独头巷道中瓦斯爆炸超压的影响 [J]. 安全与环境学报,2001,1（5）：56-59.

[67] 江丙友,林柏泉,朱传杰,等 . 瓦斯爆炸冲击波在并联巷道中传播特性的数值模拟 [J]. 燃烧科学与技术,2011,17（3）：250-254.

[68] 杨石刚,方秦,张亚栋,等 . 非均匀混合可燃气云爆炸的数值计算方法 [J]. 天然气工业,2014,34（6）：155-161.

[69] MAREMONTI M A, RUSSO G A, SALZANO E B, et al. Numerical simulation of gas explosion in linked vessels[J]. Journal of loss prevention in the process indastries, 1999, 12(3): 189-194.

[70] MENG Q F, WU C Q, HAO H, et al. Steel fibre reinforced alkali-activated geopolymer concrete slabs subjected to natural gas explosion in buried utility tunnel[J]. Construction and building materials, 2020, 246.

[71] ZHONG D W, GONG X C, HAN F, et al. Monitoring the dynamic response of a buried polyethylene pipe to a blast wave: an experimental study[J]. Applied sciences, 2019, 9(8): 1663.

[72] HOU L, LI Y, QIAN X, et al. Large-scale experimental investigation of the effects of gas explosions in underdrains[J]. Journal of safety science and resilience, 2021, 2: 90-99.

[73] 周强,周健南,周寅智,等 . 爆炸荷载作用下浅埋综合管廊野外试验与弹性动力响应分析 [J]. 中国科学：物理学 力学 天文学,2020,50（2）：65-77.

[74] JIA Z, YE Q, LIU W, et al. Numerical simulation on shock failure characteristics of pipe surface with different radii under gas explosion[J]. Procedia engineering, 2018, 211: 288-296.

[75] ZHANG B, ZHAO W, WANG W, et al. Pressure characteristics and dynamic response of coal mine refuge chamber with underground gas explosion[J]. Journal of loss prevention in the process industries, 2014, 30: 37-46.

[76] 陈长坤,陈杰,史聪灵,等 . 天然气爆炸荷载作用下地下管廊动力响应规律研究 [J]. 铁道科学与工程学报,2017,14（9）：1907-1914.

[77] 张杨 . 综合管廊在燃气爆炸作用下的动力响应 [D]. 济南：山东建筑大学,2019.

[78] 刘中宪,王治坤,张欢欢,等. 燃气爆炸作用下地下综合管廊动力响应模拟 [J]. 防灾减灾工程学报,2018,38（4）：624-632.

[79] 张凯猛. 地下综合管廊内燃气爆炸时的结构动力响应和损伤规律研究 [D]. 北京：北京建筑大学,2020.

[80] 孙加超,邓勇军,姚勇,等. 综合管廊燃气仓内爆炸下冲击波衰减规律研究 [J]. 爆破,2018,35（3）：35-41.

[81] 蔡炯炜. 城市浅埋管沟燃气爆炸灾害效应评估及防护技术研究 [D]. 南京：陆军工程大学,2021.

[82] WANG S, LI Z, FANG Q, et al. Performance of utility tunnels under gas explosion loads[J]. Tunnelling and underground space technology, 2021, 109: 103762.

[83] 匡志平,杨秋华,胡坚尉. 爆炸荷载作用下钢筋混凝土框架结构的动力响应研究 [J]. 力学季刊,2010,31（3）：443-447.

[84] 师燕超. 爆炸荷载作用下钢筋混凝土结构的动态响应行为与损伤破坏机理 [D]. 天津：天津大学,2009.

[85] 龚燚. 燃气管线入综合管廊的抗爆防护技术研究 [D]. 南京：南京理工大学,2018.

[86] 郑健. 钢筋混凝土框架结构在爆炸荷载下的损伤研究 [D]. 长沙：湖南大学,2012.

[87] 胡霖嵩,鞠培东,张晶晶. 基于 ABAQUS 的 CFRP 布加固部分预应力混凝土梁数值模拟 [J]. 工程抗震与加固改造,2019,41（2）：67-72,79.

[88] 孟闻远,王俊锋,张蕊. 基于 ABAQUS 的钢筋混凝土结构本构模型对比分析 [J]. 华北水利水电学院学报,2012,33（1）：40-42.

[89] ZHOU X Q, KUZNETSOV V A, HAO H, et al. Numerical prediction of concrete slabresponse to blast loading[J]. International journal of impact engineering, 2008, 35(10): 1186-1200.

[90] DE A, MORGANTE A N, ZIMMIE T F. Numerical and physical modeling of geofoam barriers as protection against effects of surface blast on underground tnnels[J]. Geotextiles and geomembranes, 2016, 44(1): 1-12.

[91] LOK T S, PEI J S.Steel fiber reinforced concrete panels subjected to blast loading[C]// Proc.of 8th.Int. Symp.on Interaction of the Effects of Munitions with Structures, Mclean. VA.USA, April, 1997, 18: 701-711.

[92] YANG Y K, WU C Q, LIU Z X, et al. Protective effect of unbonded prestressed ultra-high performance reinforced concrete slab against gas explosion in buried utility tunnel[J]. Process safety and environmental protection, 2021, 149: 370-384.

[93] MENG Q, WU C, LI J, et al. A study of pressure characteristics of methane explosion in a 20 m buried tunnel and influence on structural behaviour of concrete elements[J]. Engineering failure analysis, 2021, 122: 105-273.

[94] MENG Q, WU C, LI J, et al. Steel/basalt rebar reinforced ultra-high performance concrete components against methane-air explosion loads[J]. Composites part B

engineering, 2020, 198: 108-215.

[95] 刘中宪,王治坤,张欢欢,等.地下超高性能钢纤维混凝土隧道衬砌抗爆性能模拟研究 [J]. 工业建筑,2018,48（2）：7.

[96] 甘云丹,蒲兴富,宋为.弹性体涂覆砌体墙抗爆炸冲击数值模拟 [J]. 宁波大学学报,2011,24（1）：87-90.

[97] 许林峰,陈力,李展,等.聚脲加固砖填充墙抗爆性能的试验和分析方法研究 [J]. 爆炸与冲击,2022,42（7）：126-137.

[98] 章毅.钢筋混凝土框架结构抗爆特性及加固措施的试验、理论及数值模拟研究 [D]. 南京：解放军理工大学,2012.

[99] 李展.燃气泄爆荷载及其对砌体填充墙破坏效应研究 [D]. 南京：陆军工程大学,2018.

[100] 吴刚,安琳,吕志涛.碳纤维布用于钢筋混凝土梁抗弯加固的试验研究 [J]. 建筑结构,2000（7）：3-6,10.

[101] WANG W Q, WU C Q, LIU Z X. Compressive behavior ofultra-high performance fiber-reinforced concrete (UHPFRC) confined with FRP[J]. Composite structures, 2018, 204: 419-437.

[102] PESSIKI S, HARRIES K A, KESTNER J T, et al. Axial behavior of reinforced concrete columns confined with FRP jackets[J]. Journal of composites for construction, 2001, 5(4): 237-245.

[103] XIAO Y, WU H. Compressive behavior of concrete confined by carbon fiber composite jackets[J]. Journal of materials in civil engineering, 2000, 12(2): 139-146.

[104] BERTHET J F, FERRIER E, HAMELIN P. Compressive behavior of concrete externally confined by composite jackets. Part A: experimental study[J]. Construction building materials, 2005, 19(3): 223-232.

[105] ZHOU Q, HE H, LIU S, et al. Blast resistance evaluation of urban utility tunnel reinforced with BFRP bars[J]. Defence technology, 2021, 17: 512-530.

[106] 李忠献,刘杨,田力.单侧隧道内爆炸荷载作用下双线地铁隧道的动力响应与抗爆分析 [J]. 北京工业大学学报,2006（2）：173-181.

[107] 边小华,石少卿,康建功,等.泡沫铝对坑道口部爆炸冲击波的衰减特性初步研究 [J]. 四川建筑科学研究,2006,32（6）：31-33.

[108] 刘希亮,李烨,王新宇,等.管廊内燃气爆炸作用下不同抗爆结构性能研究 [J]. 高压物理学报, 2019（4）：195-204.

[109] 汤传平,张元会,王俊,等.GFRP 管约束泡沫柱抗侧向冲击数值模拟 [J]. 南京工业大学学报(自然科学版),2017,39（5）：92-96.

[110] WU J S, ZHAO Y M, ZHOU R, et al. Suppression effect of porous media on natural gas explosion in utility tunnels[J]. Fire safety journal, 2022, 128: 130522.

[111] REDDY T Y, WALL R J. Axial compression of foam-filled thin-walled circular

tubes[J]. International journal of impact engineering, 1988, 7(2): 151-166.

[112] NIKNEJAD A, ABEDI M M, LIAGHAT G H, et al. Absorbed energy by foam-filled quadrangle tubes during the crushing process by considering the interaction effects[J]. Archives of civil & mechanical engineering, 2015, 15(2): 376-391.

[113] 郭梦慧. 硬质聚氨酯泡沫填充圆钢管构件的静力和冲击性能研究 [D]. 哈尔滨：哈尔滨工业大学, 2018.

[114] 呼延辰昭. 管廊燃气爆炸下地铁隧道及车站响应分析与防护措施研究 [D]. 天津：天津大学, 2019.

[115] 董浩宇. 地下综合管廊燃气爆炸灾害效应时空演化规律及防控策略 [D]. 广州：华南理工大学, 2020.

[116] 王启睿, 张晓忠, 邓建辉, 等. 坑道中水的抑爆消波性能试验研究 [J]. 工程爆破, 2011, 17（3）：15-20.

[117] 张晓忠, 金峰, 孔福利, 等. 坑道内爆炸条件下水的消波效应研究 [J]. 应用力学学报, 2012, 29（2）：148-153, 237.

[118] 秦文茜, 王喜世, 谷睿, 等. 超细水雾作用下瓦斯的爆炸压力及升压速率 [J]. 燃烧科学与技术, 2012（1）：90-95.

[119] 刘暄亚, 陆守香, 秦俊, 等. 水雾抑制气体爆炸火焰传播的实验研究 [J]. 中国安全科学学报, 2003, 8：74-80, 84.

[120] 曹兴岩, 任婧杰, 毕明树, 等. 超细水雾雾化方式对甲烷爆炸过程影响的实验研究 [J]. 煤炭学报, 2017, 42（7）：1795-1802.

[121] 曹兴岩, 任婧杰, 周一卉, 等. 超细水雾增强与抑制甲烷/空气爆炸的机理分析 [J]. 煤炭学报, 2016, 41（7）：1711-1719.

[122] WANG F H, YU M G, WEN X P, et al. Suppression of methane/air explosion in pipeline by water mist[J]. Journal of loss prevention in the process industries, 2017, 49: 791-796.

[123] 余明高, 杨勇, 裴蓓, 等. N2 双流体细水雾抑制管道瓦斯爆炸实验研究 [J]. 爆炸与冲击, 2017, 37（2）：194-200.

[124] 裴蓓, 余明高, 陈立伟, 等. CO2- 双流体细水雾抑制管道甲烷爆炸实验 [J]. 化工学报, 2016, 67（7）：3101-3108.

[125] 贾宝山, 温海燕, 梁运涛, 等. 煤矿巷道内 N2 及 CO2 抑制瓦斯爆炸的机理特性 [J]. 煤炭学报, 2013, 38（3）：361-366.

[126] 宇德明, 冯长根, 曾庆轩, 等. 爆炸的破坏作用与伤害分区 [J]. 中国安全科学学报, 1995（增刊2）：13-17.

[127] MANNAN S. Lees' loss prevention in the process industries: hazard identification, assessment and control[M]. 4th ed. Waltham MA, USA: Butterworths-Heinemann, 2012: 284-404.

[128] ASSAEL M J, KAKOSIMOS K E. Fires, explosions, and toxic gas dispersions:

effects calculation and risk analysis[M]. Boca Raton: CRC Press, 2010.

[129] ALONSO F D, FERRADÁS E G, SÁNCHEZ T D J J, et al. Consequence analysis to determine the damage to humans from vapour cloud explosions using characteristic curves[J]. Journal of hazardous materials, 2008, 150(1): 146-152.

[130] 国家安全生产监督管理总局. 化工企业定量风险评价导则（AQ/T 3046—2013）[S], 2013.

[131] 国家市场监督管理总局. 危险化学品生产装置和储存设施外部安全防护距离确定方法（GB/T 37243—2019）[S], 2019.

[132] 国家安全生产监督管理总局. 爆破安全规程（GB 6722—2014）[S], 2014

[133] ZHU Y, QIAN X, LIU Z, et al. Analysis and assessment of the Qingdao crude oil vapor explosion accident: lessons learnt[J]. Journal of loss prevention in the process industries, 2015, 33: 289-303.

[134] JI T, QIAN X, YUAN M, et al. Case study of a natural gas explosion in Beijing, China[J]. Journal of loss prevention in the process industries, 2017, 49: 401-410.

[135] 鲍姆, 斯达纽柯维奇, 谢赫捷尔. 爆炸物理学 [M]. 北京: 科学出版社, 1963.

[136] GEXCON, Bergen, Norway. FLACS Version 10.9 user's manual[Z], 2009.

[137] 杨书召, 景国勋, 贾智伟. 矿井瓦斯爆炸冲击气流伤害研究 [J]. 煤炭学报, 2009, 34（10）: 1354-1358.

[138] 曲志明, 周心权, 王海燕, 等. 瓦斯爆炸冲击波超压的衰减规律 [J]. 煤炭学报, 2008, 33（4）: 410-414.

[139] 程五一, 刘晓宇, 王魁军, 等. 煤与瓦斯突出冲击波波阵面传播规律的研究 [J]. 煤炭学报, 2004, 29（1）: 57-60.

[140] 李翼祺, 马素贞. 爆炸力学 [M]. 北京: 科学出版社, 1992.

[141] 杨书召. 受限空间煤尘爆炸传播及伤害模型研究 [D]. 焦作: 河南理工大学, 2010.

[142] 朱邵飞, 叶青, 李贺, 等. 巷道空间内瓦斯爆炸冲击波传播的数值模拟 [J]. 矿业工程研究, 2019, 34（3）: 23-30.

[143] 吴兵. 矿井半封闭空间瓦斯爆燃过程热动力学研究 [D]. 北京: 中国矿业大学(北京), 2003.

[144] 杨石刚, 蔡炯炜, 杨亚, 等. 城市地下浅埋管沟可燃气体爆炸灾害效应研究（Ⅰ）: 冲击波地面传播规律 [J]. 爆炸与冲击, 2022, 42（10）: 105101-1-105101-13.

[145] 中国建筑标准设计研究院. 市政排水管道工程及附属设施（06MS201）[S], 2007.

[146] 中国石油化工集团公司总图技术中心站. 钢筋混凝土矩形排水沟及盖板（SHT102—2006）[S], 2006.

[147] 杨石刚, 蔡炯炜, 杨亚, 等. 城市地下浅埋管沟可燃气体爆炸灾害效应研究（Ⅱ）: 影响因素分析及后果评估 [J]. 爆炸与冲击, 2023, 43（1）: 015401-1-015401-12.

[148] 张云明. 气体爆炸原理与防治技术 [M]. 北京: 化学工业出版社, 2018.

[149] 景国勋,贾智伟,程磊,等.复杂条件下瓦斯爆炸后传播规律及伤害模型 [M].北京：科学出版社,2017.

[150] 宇德明,冯长根,曾庆轩,等.爆炸的破坏作用与伤害分区 [J].中国安全科学学报,1995（增刊2）：13-17.

[151] WANG K, SHI T, HE Y , et al. Case analysis and CFD numerical study on gas explosion and damage processing caused by aging urban subsurface pipeline failures[J]. Engineering failure analysis, 2019, 97: 201-219.

[152] Department of Defense. Structures to resist the effects of accidental explosions: United Facilities Criteria (UFC) 3-340-02 [S], 2008.

[153] 国家安全生产监督管理总局.山东省青岛市"11·22"中石化东黄输油管道泄漏爆炸特别重大事故调查报告 [R],2014.

[154] 国家市场监督管理总局,中国国家标准化管理委员会.危险化学品生产装置和储存设施外部安全防护距离确定方法（GB/T 37243—2019）[S],2019.

[155] 杨亚.城市浅埋管沟燃气爆炸荷载分布模型研究 [D].南京：陆军工程大学,2020.

[156] 长岭炼化岳阳工程设计有限公司.钢筋混凝土矩形排水沟及盖板（SHT102—2006）[S],2006.

[157] 中国建筑标准设计研究院.市政排水管道工程及附属设施（06MS201）[S],2007.

[158] 高婷.城市道路雨水口设计分析 [J].中国给水排水,2006（12）：55-58.

[159] MALVAR L J, CRAWFORD J E, WESEVICH J W, et al. A plasticity concrete material model for DYNA3D[J]. International journal of impact engineering, 1997, 19(9/10): 847-873.

[160] 中元国际工程设计研究院.《地沟及盖板》（GJBT—584）[S],2002.

[161] 徐大立,范进,高杰,等.坑道口部内爆炸冲击波传播速度规律的数值分析 [J].工程爆破,2013,19（增刊1）：5-9.

[162] 廖维张,杜修力.爆炸波在地铁车站中的传播规律研究 [J].防灾减灾工程学报,2010,30（5）：538-543.

[163] 韩永利,陈龙珠,陈洋.民用住宅墙体抗燃气爆炸能力的数值模拟研究 [J].建筑科学,2010,26（9）：49-53.

[164] 韩笑.燃气爆炸荷载下砖砌墙体的动力响应研究 [D].西安：长安大学,2012.

[165] KANG K Y, CHOI K H, CHOI J W, et al. Dynamic response of structural models according to characteristics of gas explosion on topside platform[J]. Ocean engineering, 2016, 113: 174-190.

[166] 中华人民共和国住房和城乡建设部.混凝土结构设计规范（GB 50010—2010）[S],2015.

[167] 李猛深,蔡良才,张志刚,等.玄武岩纤维布加固钢筋混凝土板的抗爆性能分析 [J].解放军理工大学学报(自然科学版),2011,12（5）：486-490.

[168] BUCHAN P A, CHEN J F. Blast resistance of FRP composites and polymer strengthened concrete and masonry structures-A state-of-the-art review[J]. Composites B engineering, 2007, 38: 509-522.

[169] 潘金龙, 周甲佳, 罗敏. 爆炸荷载下 FRP 加固双向板动力响应数值模拟 [J]. 解放军理工大学学报(自然科学版), 2011, 12（6）: 643-648.

[170] 戚雪剑. 爆炸荷载作用下 AFRP 加固钢筋混凝土结构的数值模拟研究 [D]. 锦州: 辽宁工业大学, 2018.

[168] BUCHAN P A, CHEN J F. Blast resistance of FRP composites and polymer strengthened concrete and masonry structures-A state-of-the-art review[J]. Composites B engineering, 2007, 38: 509-522.

[169] 陈荣毅, 周云. 隔震、减震与消能减震下 FRP 阻尼器的抗震性能比较[J]. 华南理工大学学报(自然科学版), 2011, 17 (5): 645-648.

[170] 姚谦峰. 框架自复位耗能 AFPD 隔震减震结构抗震性能研究[D]. 北京: 北京交通大学, 2018.